情報倫理
Information Ethics

ネット時代の
ソーシャル・リテラシー

髙橋慈子・原田隆史・佐藤翔・岡部晋典　著

技術評論社

はじめに

　本書『情報倫理　ネット時代のソーシャル・リテラシー』は、2015年に初版を発行しました。スマートフォンが普及してきた状況で、安心して、安全にネットのサービスや情報に関するさまざまな課題を、主に大学生を中心した若い人たちに理解してもらうことを目的として刊行されました。発行以来、大学の情報倫理関連の授業でも採用いただいています。

　その後、2020年に、さらに今回、2023年に改版いたしました。情報通信社会は常に進化しています。2023年2月の今、AIを使った新しいチャットサービスが話題を呼び、多くの情報やコメントがネットで交わされています。ビッグデータを活用した新しいサービスや仕事が今後も続々と登場することでしょう。

　また、2019年から世界中に広がった新型コロナウィルス感染症によって、授業や仕事の仕方が変わりました。オンライン授業、テレワークが普及し、より柔軟で、多様な利用の手段を手に入れることができました。パソコンやタブレット、スマートフォンを使って、複数の人と会議やおしゃべりをすることが日常の風景になっています。

　一方で、情報セキュリティに関する知識や対策が、より求められるようになっています。大切なデータを守り、適切に扱うことは、誰もが必ず守るべき義務といえるでしょう。

　豊かで安全、安心して暮らせる社会を築いていくには、「情報倫理」と呼ばれる情報に関するモラルやルールを理解し、実践することが重要です。学生の皆さんにとっては学生生活をより充実したものにし、社会にでるための準備としても役立つことでしょう。

　「情報倫理」の領域は確立した学問分野ではなく、新しい領域です。日々、起こる社会の出来事と結びついています。そうした出来事を理解し、主体的に考え、これからの新しいルールを作るための基礎となる知識、知恵として本書を役立ててください。

　多様な倫理観を示し、深い知識をもとに改版の見直し、加筆をしてくださった同志社大学の原田隆史先生、佐藤翔先生、図書館総合研究所の岡部晋典先生に感謝します。

高橋慈子

目 次

第 1 章
情報倫理とは ⋯⋯⋯⋯ 11

第 2 章
情報通信社会とインターネット、進化と変遷 ⋯⋯⋯ 23

第 **3** 章
ネット時代のコミュニケーション 39

第 **4** 章
メディアの変遷 53

第 **5** 章
メディア・リテラシー

第 **6** 章
情報技術とセキュリティ

第 **7** 章

インターネットと犯罪

第 **8** 章

個人情報とプライバシー

第 **9** 章

知的所有権とコンテンツ

第 **10** 章

企業と情報倫理

第 **11** 章

科学技術と倫理

第 **12** 章
ビッグデータとAIの倫理 167

第 **13** 章
デジタルデバイドと
ユニバーサルデザイン 183

情報倫理とは

この章では、本書で扱う「情報倫理」について解説します。「倫理」とは人間の社会の中でどのような意味を持っているのか、倫理学という領域ではどのような思索がなされてきたのを知っておきましょう。現代の情報の大波に溺れずに乗り切っていくために、「情報倫理」がどのように役立つかを理解する入り口になります。

◯ 倫理とは何か

　みなさんは「情報倫理」という言葉にどのような印象を受けるでしょうか。情報という最新技術を連想させる語と倫理という人間臭い語とで複合語が構成されていることに違和感を感じる人もいるかもしれません。

　「倫理」という言葉はやや堅苦しいのですが、「倫（ともがら）」の「理（ことわり）」という2つの漢字を組み合わせたもので、人として守り行うべき道のことを意味しています。「倫理」に近い語としては「道徳」「修身」「モラル」などがあげられ、ほぼ同義語として使われています。これらの語は、人間が社会生活を送る上で必要な善悪・正邪の判断における普遍的な規準という表現もできるでしょう。

　このように人間が社会生活を送る上で守るべきものであり、善悪を規定したものとしては法律や条令なども思い浮かぶかもしれません。しかし、法律が成文化され外面的強制力を伴うのに対して、「倫理」は個人の内面的な原理であるという違いがあるとされます。したがって我々人間が通常の生活をする上で、何が倫理的かは状況に応じてまちまちで、倫理的に行動するための絶対的なマニュアルは存在しません。しかし漠然とした基準は誰しも心の中に持っています。この基準は必ずしも他人から押し付けられるものではありませんが、社会を構成する人々の間で善悪・正邪の判断が全く異なるということも考えられません。すなわち、社会生活の中で人間同士・組織同士がつきあう際には、互いに守られている約束事や礼儀などがあり、これらが暗黙のうちに守られているからこそ人間社会が成立しているということができます。これらが守られなかった時にはつきあいが破綻したり、場合によっては社会が崩壊したりすることもあるでしょう。その意味で、同質の社会には、ある程度共通した基準が存在していることは容易に想像できると思います。

　ここで「ある程度」と書いたのには意味があります。すなわち何が倫理的であるかについては万人が完全に一致するものではないとも考えられます。何が倫理的であるかについてはさまざまな考え方があって、それらのいくつ

かは矛盾したところもあります。社会生活の上で何が「善」であり何が「正しい」のかということは非常に難しい問題です。

　たとえば、非常に便利なソフトウェアがあったとします。これをみんながコピーして、みんなの生活が便利になったら、それは「善」かもしれません。しかし、仮にそのソフトを書くことで生計を立てている人がいたとして、その人の収入がなくなってしまったとしたら、それは「不善」になってしまいます。また、ウェブ上の情報に制限なくアクセスできることは、情報収集のために必要です。一方で、判断力がまだ備わっていない（と、一般的には解されている）子供たちに、無制限の情報アクセスを許可してもよいのだろうか、という疑問もありうるでしょう。このように、何が善いものなのか、何が不善なのか、という解は1つではなく、社会的な立場、時代的な変化などで十分変化しうるものなのです。

●「倫理学」の意味

　このように「倫理」に関する議論は古くからさまざまに行われてきました。どのように人間は生きるべきか、人間らしく生きるためにはどのような生き方を選んだらよいか、ということを考える学問に「倫理学」という学問領域があります。「倫理学」だからといって、それが倫理的であるとは限りません。幼稚園を研究することが幼稚でないように、倫理学は、時として倫理的ではないラディカルな問いを突きつけます。「なぜ人を殺してはいけないのか」「なぜ検閲をしてはいけないのか」「なぜ動物を食べてはいけないのか」。こういった問いを通じて、現在の世間で通用している道徳に対して、哲学的な反省を促すものが倫理学なのです。

　時代により、さまざまに異なった倫理学の思想が登場してきました。

　道徳は人間の精神に根付いているものであるから、普遍的であって時代や立場が変化しても変わらない、という立場（ギリシャ以来の伝統的な解釈）。時代とともに人間も変化するのだから、道徳も時代とともに変化しうるし、また、ときとして、語られる道徳は往々にして「支配者階級」にとっ

て都合のよいものであるという立場 (近世以降の発想である道徳の歴史相対性)。他には、既成の価値にとらわれずに自由に自己を創造していく行為が善であるのだから、そのつど、状況に応じて適切な行為を選択する状況倫理を重視する立場もあります (現代で生じた見方の1つ)。

このように、倫理学にはさまざまな立場がありますが、ここではいくつかの主義や議論を紹介しましょう。

たとえば、「**功利主義**」というものがあります。これは「自分個人だけではなく、社会全体に利益 (=功利) がもたらされる行為が追い求められる (=善) とする立場」です。いわゆる「最大多数の最大幸福」などと呼ばれるものです。社会全体に対する利益が最も大きいという意味で、いちばんわかりやすい学説かもしれません。

ほかに、「**義務論**」というものもあります。たとえば功利主義にしたがえば、誰かが殺人を犯したとしても、それが社会全体に利益をもたらすならば正しいということになりそうです。単純な例だと独裁者の暗殺です。これは本当に倫理的であるといえるのでしょうか。社会全体に利益をもたらさなくても「人を殺すべきではない」という義務があるならば、それにしたがうというのが社会全体の利益よりも正しいとする考え方もありそうです。つまり、目的は手段を正当化しないということです。このことは、社会全体のためという理由で個人が犠牲にならないということももたらすことになります。

それ以外にも「**徳の倫理**」というものもあるでしょう。前にあげた「功利主義」や「義務論」が人々の行為を問題にしているのに対して、人としてどうあるべきか、どのように考えるべきかという、行為ではなく人の持つ考え方そのものを問題にするという考え方です。

倫理の基準は国や地域、さらに宗教や文化の違いによっても異なります。その結果、生まれ育った場所や環境によって同じ人間であっても倫理基準が異なっており、ある地域ではごく当たり前のように行われている行為が、倫理基準が厳格な環境で育った人から見れば「倫理」から外れた信じられない行為のように見えることさえ起こりうることは当然の結果ともいえます。も

しかすると、自らの倫理観に固執しすぎることにより生み出される倫理観の違いは、ある国に対する信用を損ね、場合によってはある国全体に対する不信感さえ生みかねない要因ともなるかもしれません。

　また、同じ社会の中でも倫理観が異なる例もあります。たとえば、日本においても政治家や公務員に対しては一般的に高い倫理観が求められることが多いですし、医師や弁護士には患者や相談者の秘密を厳守することなど、一般の人々とは異なる倫理規定が適用されることは医師会や弁護士会の倫理規定でも定められています。たとえば、弁護士などは一般的な感覚から言えば憎むべき行為を行ったことが確実な容疑者に対しても、その味方となって活動することがその正当な活動となることもあるのです。このような場合、自分自身が持つ倫理観（正義感）と職業としての倫理観とが相反するような状況になることや、職業によっては自分の倫理観に従った行動を取ることが、倫理規定上の懲罰の対象となることさえありえるかもしれません。

　一例をあげましょう。エドワード・スノーデン（Edward Snowden）は国家安全保障局（NSA）や中央情報局（CIA）に勤務していた、1983年生まれのアメリカの情報工学者です。彼は2012年、勤務しているうちに政府の行為に幻滅し、アメリカがどのように全世界のインターネットを傍受しているか、同盟国の機密情報を傍受しているかということを全世界に向けて内部告発しました。結果、スノーデンは情報漏洩罪などの容疑によって指名手配され、FBIから追われています。一方で、2014年、スノーデンは国家の行き過ぎた監視行動を一般に知らしめ、平和の基本的な条件である開かれた論議に貢献したとして、ノーベル平和賞の候補にも推薦されました。

　ある同質の集団の中では、ある程度、同じような倫理観を共有することは難しいことではないかもしれませんが、多様な環境の中に過ごす多くの人々が共通の倫理観を持つということは非常に難しい問題ともいえそうです。

● 応用倫理学としての情報倫理

　倫理学という学問分野では、何が『善』なのか、何が『正しい』のかとい

うことが長い間議論されてきました。しかし、1960年代頃からこのような問題を考えているだけではなく、もっと社会の問題に関わっていくべきではないかという意識を持つ人々もあらわれてきました。その結果として生まれてきたのが応用倫理という分野です。倫理学の原理と方法を活用しつつ、現実社会の問題に応えようとする分野ともいえます。

応用倫理の分野には、たとえば生命倫理、環境倫理、ビジネス倫理・企業倫理などがあります。実際の生活において生じる様々な問題を取り上げて、倫理基準を作ったり、倫理学的に分析したりする領域です。具体的には生命倫理の分野では先端医療技術はどこまで開発すべきなのか、クローン人間を作って良いのかどうかなどがあげられます。また、環境倫理の分野では環境保全と経済開発という、相反する要望をどのように両立させるのかなどがあげられるでしょう。

● 社会的ジレンマ

このように現実社会の問題の倫理的な側面を考える場合、特に重要となるのが相反するさまざまな要因を把握して、最適なバランスを求めようとする視点であり、「**社会的ジレンマ**」などとして議論されています。

社会的ジレンマとは、社会の構成員が自分自身の利益を求める行動をとることが、結果として社会全体にとって好ましくない結果が生じることがあるというジレンマのことです。一般的には構成員1人1人が最大の利益を追い求めることが社会全体の利益の総和を増加させることにつながるのですが、全員が共同で利用する場所が存在するような場合には、これが成立しないこともあります。この社会的ジレンマの有名な寓話として1968年にギャレット・ハーディン（Garrett Hardin）がサイエンス誌に発表した「**コモンズの悲劇**（共有地の悲劇）（The Tragedy of the Commons）」があります。

「コモンズ」と呼ばれる共有の牧草地があり、そこに農民たちは家畜を放牧して飼育していたとします。しかし、それぞれの農民たちが自らの利益を競って、「コモンズ」にこぞって家畜を増やしていくようになると、どんどん

と共有地の牧草は食い尽くされ荒れ果て、結果としてすべての農民が被害を被ることになることは自明です。農民たちは誰しも家畜の数が増えれば牧草地が荒れていくことを知っている。しかし、自分自身の利益だけを考えてしまうと、共有地が荒廃する結果となるのです。さて、これに対する解決策はどこにあったのでしょうか。たとえば初の女性ノーベル経済学賞受賞者であるエリノア・オストロム（Elinor Ostrom）は、コモンズを管理できるのは、コモンズを持つコミュニティであることを明らかにしました。オストロムは、コモンズをうまく運営できるポイントとして、コモンズの境界が明らかであること、集団の決定に構成員が参加できること、ルール遵守についての監視がなされていること、紛争解決のメカニズムが備わっていること、コモンズを組織する主体に権利が承認されていること等の条件をあげています。

ローレンス・コールバーグ（Lawrence Kohlberg）は、人々の行動がどのような倫理・道徳的理由から行われるのかを、第1表に示すようないくつかの段階

● 表1　コールバーグのモラル発展段階

	発展段階	定義
6	普遍的な倫理原理志向	正義・正誤についてのユニバーサルな抽象的な原則に従って行動する。人々は、理性・良心・モラル規則に則って、行動する
5	社会契約志向	然るべき手続きや協定によって確立した合意に則って「正しい」行動を行う。人々は価値の相対性を認識し異なる見解を受け入れる
4	法と社会秩序の維持志向	文化的存在として、社会において己が果たしている役割に従って生活し、その役割を定める慣行的ルール（法、秩序、社会規範）に従って、「正しい」行動をする
3	対人的同調	「よい子」であろうとする。モラル上の理想を実現しようとするのではなく、友人や両親、その他の大人やグループの慣行的役割に従い、それに自らを一致させて、「正しい」行動をする
2	快楽や賞賛志向	自分の為に報酬を求めて行動する。他人の要求に配慮するが、抽象的な概念である正誤に関しては関心がない
1	罰と権威への服従	規則に違反しないことによって罰を避けようとする。他人の要求にはほとんど配慮しない。自己の興味本位

堀内一研究室. L. コールバーグのモラル発展段階
http://www.tiu.ac.jp/~hori/horilab/index.files/Page1421.html より引用

に分類しています。この表を見て皆さんはどのように感じますか。この表の第6段階に示されたような「人はどうであろうと、ユニバーサルな原理をもって行動する」というレベルが理想だと思われるかもしれません。しかし、このような原理が法律のような社会的規範と反していたとすればどうでしょう。先にあげたエドワード・スノーデンの例を思い出してみてください。スノーデンのような世間に議論を巻き起こしたケースは身近ではないかもしれませんが、もしかすると、皆さんも日常的に、他の人の権利を知らず知らずのうちに侵害したり、あるいは自分の権利を侵害されたりしているかもしれません。友達の写真をWebにあげたら、誰か知らない人に見られていて、友達に怒られた…。こんな経験をしたことはありませんか。応用倫理という分野は意外と身近なものであり、また、情報倫理もこの応用倫理の領域の1つなのです。

🔵 情報倫理が指す範囲

　情報倫理の分野が、どのような範囲を扱うのかということについては、さまざまな考え方があります。

　対象とする分野という観点から見れば、情報技術に関する倫理であるととらえることができますが、必ずしもコンピューターに関わる問題に限定されるわけではありません。たとえば、少年犯罪に関して本来匿名であるべき氏名や顔写真がネットワークに公開されるという問題はメディア倫理と呼ばれる問題と重なるでしょう。また、遺伝子組み換え、クローン人間の問題、あるいはヒトゲノムの解読に関する問題、これらは生命倫理・医療倫理の問題であると同時にすべて情報の問題、すなわち情報倫理の問題であるともいえるでしょう。環境問題にしても、大量のデータを分析することなしに環境問題を語れず、そのためにコンピューターが必要だとするならば環境倫理学と情報倫理は重なる分野を持つともいえるかもしれません。その意味で、情報倫理はコンピュータ処理という限られた問題だけを意味するのではなく、社会生活におけるさまざまな問題を情報という観点から総合的にとらえようとするものといえるかもしれません。

　さらに、情報倫理を持つべき人がどのような人であるかについても、いろいろな考え方があり、特にインターネットの普及前と普及後では大きく変わってきていると考えることができます。すなわち、インターネットが普及する前には、情報倫理は情報技術を取り扱う専門家が持つものとされてきました。しかしコンピューターや情報通信ネットワーク技術の発展と、その利用拡大によってもたらされる社会的な変化は、情報倫理の担い手が専門家から一般の人々へと大きく変化したととらえることができます。現在言われる情報倫理は（この本で述べる内容についても）、このような情報通信技術の変化に対応した新たな行動理念と行動基準として考えられる応用倫理をさします。

● 情報倫理が重要になってきたわけ

　現代は情報通信技術の影響が現実社会に対して極めて大きくなってきた時代です。このような状況の中で、どのような変化が世の中に生じてきたのでしょうか。

　まず最も大きな点として情報通信技術の中で関わり合う人々の範囲が大きく、かつ多様になってきたことがあげられます。この章の最初の項で「同質の社会には、ある程度共通した基準が存在している」と書きました。人と人とが関わり合う社会が小さな時代には、その中での規範である倫理を共有することは比較的簡単だったといえます。しかし、情報通信技術が発達して多くの人々が相互にコミュニケーションをとることが簡単になってきた今日、宗教も価値観も異なる多くの人々が同じ社会の中で行動することも珍しくありません。このような状況の中では、広い範囲の多様な人々が共に共有できる倫理が必要となるのは自然でしょう。

　2つめに情報技術が日常生活に与える影響の範囲が大きくなったことがあげられます。私たちの日常生活は様々な技術のネットワークに支えられており、それらに部分的であってもトラブルが生じた場合には、社会全体が大きく不便な状況にならざるをえません。特に最近の十数年のインターネットの発達と普及は、情報に関する個人の環境を大きく変えてきています。今や誰もが

日本にいながらにしてアメリカ政府の公文書を閲覧することも、EUで構築されているデジタル文化遺産の検索システム、Europeanaのデータを利用することもできます。また、情報の閲覧と利用だけではなく、情報の発信に関してもWebページの発達、ブログの出現、そしてTwitterやFacebookなどを通じて、1人の個人が数百万人に対して容易に情報を提供することができるという時代になってきています。このような状況は現在では当たり前であっても、ほんの十数年前には考えられもしなかったことといえるでしょう。

　3つめは、個人が他人に与える影響の大きさが拡大したことがあげられます。情報発信を誰もが簡単にできるようになったことは、他人に対する大きな影響力を持つようになったといいかえることもできます。下手をすると個人の発信する情報力の方が従来のマスコミを超える場合さえあります。すなわち、Twitterでは国境を越えた地域に居住する人々がフォロワーとなることもありえます。もちろん依然としてマスコミの情報発信力が上回る局面は多いですが、このような地域を越えた到達性という意味では放送局よりも新聞よりも多くの人々に情報を届けることができるともいえるのです。

　また、発信する内容についても従来とは大きく変わってきています。マスコミを通じてのみ多くの人に対する情報発信が可能であった時代、新聞に投書するにしても図書を出版するにしても、マスコミによる情報の取捨選択というものが有効に機能していました。しかし、Webページを通じての情報公開の場合は無制限ではないまでも、従来よりもはるかに自由に情報発信を行うことができます。

　4つめは、前にあげたことがらとも関わりますが、犯罪行為などが容易に行え、またその影響範囲が大きくなったことがあげられます。インターネット上では、情報のコピーが比較的簡単に行えることもあり、不正なコピーが急増したということもあります。また、詐欺事件、ふられた腹いせに元恋人や元配偶者のヌード写真を公開するリベンジポルノ、強姦や殺人の依頼、プライバシーを侵害する情報の公開といった犯罪も残念ながらネットワークを介して盛んに行われる例が出現しています。これらの犯罪は、従来から存在し

ていたものが形を変えただけということもできますが、不正コピーにしても、ポルノ画像やプライバシー侵害となる情報の公開にしても、従来と比較して誰もがはるかに簡単に行うことができるようになったことは大きな変化といえるでしょう。また、いったんWebにあがった情報を消すことはとても難しいのです。これを刺青になぞらえて「**デジタルタトゥー**」と呼ぶ人もいます。さらに、犯罪とは言えなくても、たとえば悪ふざけの写真を安易にWebにあげてしまって、その結果大騒ぎになることはしばしば目にするところです。

さらに5つめとしては、情報格差の問題があります。情報格差は、**デジタルデバイド**などとも呼ばれますが、情報技術を取り扱う上での知識量や技術力が個人によって大きな差があるという問題です。このような問題は、かつて産業革命の時代から読み書き能力、すなわち識字力（リテラシー）の問題として存在していました。リテラシーと同様に、情報格差自身については「格差は悪」とする立場もあれば「格差は自由競争の証」とする立場もあるようです。しかし、情報化社会では情報格差を個人の問題として放ってはおけない事情があります。なぜならば、情報格差の「下の段階」に留まっている人々は、「自分は今の段階では、限られた情報にしか触れることができていないのだ」ということに自覚的であることが難しいという点があげられます。世の中には様々な情報があるにもかかわらず、その存在を認知することもない。また、そのことによって自身が不利益を被っているという自覚もないのです。このような情報格差は、また次の世代にもつながっていき、情報格差の再生産、情報格差の固定化を生み出してしまう恐れがあるのです。

このような情報通信技術が発達した時代に対応した倫理として情報倫理はまさに今、求められているといえるでしょう。

◐ 情報倫理で取り扱われる領域

情報倫理で取り扱う領域は多岐にわたります。この領域に関してリチャード・セヴァーソン（Richard Severson）は1997年に次の4つの原則を提示しています。彼はこの原則にしたがった上で道徳的なジレンマが生じた

場合には、多数決により解決するということを提唱しています。

---

1. 知的所有権の尊重
2. プライバシーの尊重
3. 公正な情報提示（fair representation）
4. 危害を与えないこと（nonmaleficience or "doing no harm"）

　このセヴァーソンの原則は20年以上も前に提唱されたものであり、また、最終的に多数決により決着をつけるという点から少数意見を十分に反映しないとか、情報行為（者）に関する分類であって影響を受ける側からの視点が欠けているなどの指摘もあります。これらを受けて、いくつかの情報倫理に関する議論も提案されています。しかし、現在でも有効な基準の1つであることは間違いないでしょう。

　近年の情報通信社会は、ソーシャルネットワークの充実やビッグデータの活用など、従来にも増して情報倫理が重要な状況となっています。情報倫理の問題に関して、様々な局面を学ぶことの重要性はますます増えてきていると言えるでしょう。

参考文献、Webサイト

- 『情報倫理の構築（ライブラリ 電子社会システム 第5巻）』 水谷雅彦、越智貢、土屋俊 編著、新世社、2003年
- 『インターネット社会を生きるための情報倫理 改訂版』 情報教育研究会（IEC）・情報倫理教育研究グループ、実教出版、2018年
- 『情報社会と情報倫理——リスクマネジメント,コンプライアンス,システム監査』 山本喜一監修、久保木孝明著、近代科学社、2011年
- 『ここからはじまる倫理』 アンソニー ウエストン著、野矢茂樹、高村夏輝、法野谷俊哉 共訳、春秋社、2004年
- 『功利主義入門』 児玉聡、筑摩書房、2012年

情報通信社会と
インターネット、
進化と変遷

現代は「情報通信社会」と呼ばれています。この社会、いつ頃から始まり、どのように変わってきたのでしょうか。現在の状況を理解して未来を考えるには、少し時代をさかのぼって、変化を辿ることが有効です。情報通信社会の変遷を、社会の変化とととともに把握しておきましょう。

現代の私たちの生活に欠かせないインターネットについても、登場から現在への進化の礎となった基本技術を知ることで、その特徴が見えてきます。

情報社会は1960年代から始まった

「現代は、情報社会である」このように聞いて、異論を唱える人はいないでしょう。では、いつ頃から、情報社会が始まったと思いますか？ 20年くらい前ですか？ もっと昔でしょうか？

答えは約60年前です。随分と前から「**情報社会**」と呼ばれる時代は始まっているのです。

1960年代がどのような時代だったのか、歴史の授業を思い出してください。当時は工業化社会が発展して、大量生産が可能になった時代です。オートメーションつまり工場の自動化によって、大量の製品を効率よく生産できるようになっていました。一方、オートメーション化された工場では、部品ごとに組み立てを行い、ベルトコンベアに乗せて次の工程へ進めるといった方法に変わっていきました。こうした工業化によって生産性がぐんと向上したのです。

物理的な効率が限界まで高まった次には、より効率的に生産するために、コンピューターが使われるようになりました。情報を活用することによって、生産管理や人事管理をして無駄をなくし、コストを下げるのです。情報を活用する企業が、競争力を高めて成長していきました。

コンピューターやシステム開発産業が生まれ、情報産業が大きくなっていったのも、この1960年代です。世界中に拠点を持つ、コンピューターメーカーIBM。その日本IBMの沿革によると、システム・エンジニアと呼ぶ、システム開発の専門職が誕生したのが1962年と書かれています。コンピューターのシステムを開発する職業が生まれたということです。

1964年（昭和39年）には、東京オリンピックが開催されました。新幹線開業、首都高速道路の開通などと並んで、高度経済成長期の原動力となった出来事です。この東京オリンピックでも、競技結果の集計にコンピューターが使われました。

世界初の電子式コンピューターと言われているのは、1946年に米国で公開された**ENIAC**（エニアック）です。それまでの計算機の数千倍の計算速度

を持ち、プログラムをすることでさまざまな複雑な処理ができることから、「巨大な頭脳」と報じられています。実際の機械も大きく、1万7468本の真空管と7200個のダイオードが使われ、総重量は27トン。倉庫のような建物の中に設置されて使われていました。

当初は軍事や科学技術分野での研究に使われていたコンピューターは、1950年代になると商用利用、つまりビジネスで利用できる製品が開発され、発売され始めました。

富士通、日立、日本電気、東芝といった日本のコンピューターメーカーも、1950年代に次々とコンピューターシステムを世に送り出しています。情報処理学会のWebサイト「コンピュータ博物館」を見ると、世界のコンピューターの技術競争の中で、日本のメーカーが海外に負けず劣らず、新しい技術や製品を生み出してきたことがわかります。

第二次世界大戦後、急速な経済成長は、こうした情報技術が下支えしていたのです。そして情報そのものに価値を見いだし、人々が情報を消費する情報社会が同時進行していました。

■ 図1　1960年代のコンピューターが社会を変えた例

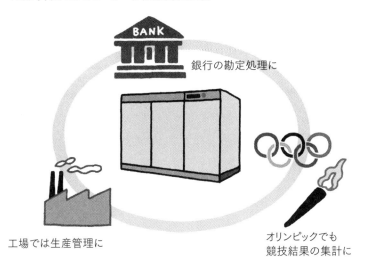

銀行の勘定処理に

工場では生産管理に

オリンピックでも
競技結果の集計に

⊙ テレビ、新聞。マスメディアによる情報発信

　情報社会のもう1つの側面は、人々が大量の情報にふれ、利用する時代が来たことです。

　たとえば、テレビ。日本で**テレビ放送**が始まったのは、1953年（昭和28年）2月。NHKがテレビの本放送を開始しました。8月には民間初の本放送を、日本テレビが開始。画期的なことだったとは言え、たった2つのチャンネルしかありませんでした。今のBSやケーブルテレビも含めて、多数のチャンネルで多様な番組を楽しめることを考えると、想像できないかもしれません。

　さらに、今や複数ある家庭も少なくないテレビそのものも高価で、数が少なかったのです。放送は、録画の機器がないため、すべて生放送で、野球や大相撲などのスポーツ、舞台、催し物などの中継放送をしていたようです。

　放送が始まってもそれを見る機器がなくては、内容は伝わりません。テレビ本放送が始まる前、1952年（昭和27年）に発売された松下電器製テレビの価格は29万円。当時の公務員の初任給は高卒で5,400円と書かれていますから、いかに高価だったかがわかります。個人には手が届かず、人々は街頭テレビと呼ばれるデパートや駅、公園などに設置されたテレビを集まって見ていたのです。

　そのテレビも高度経済成長によって、経済が活発化し、消費が拡大することによって、次第に身近なものになっていきました。街頭から家庭へ。お茶の間で見る、身近なメディアとして普及したのです。

　1960年（昭和35年）10月からは**カラー放送**が始まりました。当初、NHKのカラー番組は1日1時間ほどだったそうです。テレビを購入する家庭は増え、1962年（昭和37年）にはテレビの出荷数は、1000万台を超えました。東京オリンピックを見たい。このようなニーズを元に、急激に台数を増やしていきます。

　また、新聞も1960年以降右肩上がりで部数を増やしてきました。1966年

（昭和41年）には3千万部を突破。

　朝は新聞でニュースを読み、茶の間のテレビでニュースやスポーツ、娯楽を楽しむ。大衆に情報を届ける媒体、「**マスメディア**」として成長していきました。同様に、書籍や雑誌を発行する出版社、映画を作り、配給する映画会社や映画館が大きく成長したのもこの時代です。

　情報社会が始まった1960年代は、テレビのような新しい技術が大きく育ち、大衆が情報を家庭で手にする始まりの年代でした。新聞のようなそれまであったメディアも部数を伸ばし、マスメディアの力が大きくなっていく、そうした時代の始まりでもありました。

● 情報が社会を変える第三の波

　情報が社会を変えていく変化を示した作品として、米国の未来学者であり、作家のアルビン・トフラーが1980年に発行した「**第三の波**」がよく知られています。

　第一の波は約1万5千年前に起こった農業技術の革命的進化。それによっ

■**図2**　革命的な波が押し寄せ社会を変えてきた

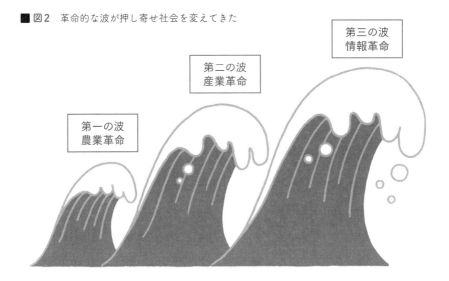

第三の波
情報革命

第二の波
産業革命

第一の波
農業革命

て人々は作物を自ら生産できるようになり、狩猟採集社会から農耕社会へと変わりました。第二の波は、17世紀から18世紀にかけて起こった産業革命。工業化によって大量の製品を生産することができるようになった変化を示しています。

　そして第三の波が、情報革命です。工業社会から情報社会に変わるというものです。1960年代からの社会を、コンピューターなどによる新しい技術と社会の変化として捉えました。

　この3つの波は連続した変化の中で起こるのではなく、非連続的な大きな波として起こり、社会を大きく変える。古い文明を脇へ押しやる新しい文明だと表現しています。

◉ さらなる変化。情報通信社会の到来

　トフラーが、第三の波と表現した情報革命は、インターネットの普及によってさらに進んでいます。

　1995年後半、インターネットが一般の家庭にも普及し始めました。個人のパソコンがインターネットに簡単につながるようになったからです。それまでのパソコンは、別のソフトウェアなどを用意しないとインターネットにはつながらず、単独でソフトウェアを使うことが中心の機械でした。

　それを仕掛けたのは、Microsoft。パソコンの基本ソフトであるOS、Windows95をこの年の11月に発売しました。今では当たり前になっている、マウスを使って画面のウィンドウを操作するという使い勝手の良さが、発売前から話題になり、複数のメーカーがWindows95を搭載したパソコンを発売するなど、大きなニュースとしてテレビや新聞でも報道されました。使い勝手の良さだけではなく、次の点での新しさも大きな意味を持っていました。

　それは、インターネットに接続するための通信技術と、Webページを見るためのブラウザソフト、**Internet Explorer**（IE）が搭載されたことです。新たにソフトウェアを準備しなくても、インターネットを利用して、情報を見るための機能をパソコンの基本ソフトが備えたということです。一部の人

のものだったインターネット上の情報に、誰もがアクセスできるようにした
わけです。

　使いやすく、数が売れることで、パソコンの価格も下がり、手頃になりまし
た。インターネットを使って、世界中の情報にアクセスできるのも魅力的で
す。これをきっかけにして、インターネットを利用する人は増えていきました。
そのような社会を、「ネットワーク」の意味を表す「通信」の言葉を入れて「**情
報通信社会**」とも呼んでいます。主に、1990年代半ば以降を示す言葉です。

○ インターネットの誕生と広がり

　世界の情報通信に関する標準化を行っている機関「国際電気通信連合
（International Telecommunication Union：ITU）」が、2022年6月6日に発表し
た世界のインターネットの利用状況を調査したレポート「Global Connectivity
Report 2022」によると、世界のインターネット利用者数は、約50億人となっ
ています。図3のグラフのように1990年代初めの数百万人から、増加を続け

■ 図3　世界のインターネット利用者総数の推移

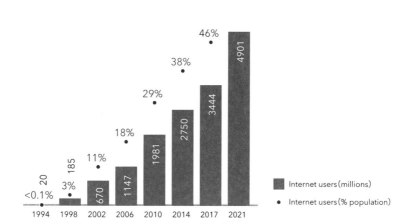

（出典）「Global Connectivity Report 2022」より作成
https://www.itu.int/hub/publication/d-ind-global-01-2022/

ています。ただし、現在でも、世界人口の約3分の1にあたる約29億人が利用しておらず、何億人もが高価かつ低品質なアクセス環境にあると報告されています。

　総務省が発行している「令和3年版情報通信白書」の「インターネットの利用率推移」（図4）によると、2020年時点で日本の個人のインターネット利用率は83.4％に達しています。

　多くの人がスマートフォンを使ってインターネットを利用しています。同白書によると「インターネット利用端末の種類」（図5）では、「スマートフォン」が68.3％であり、「パソコン」の50.4％を上回っています。

　インターネットが爆発的に普及したのは、先に述べたように1995年以降です。では、インターネットがどのように成長を遂げてきたかについても知っておきましょう。

　インターネットの起源と言われているのが、1969年に米国の国防総省でネットワーク研究のために開発された**ARPANET**（アーパネット）です。通

■図4　インターネット利用率の推移

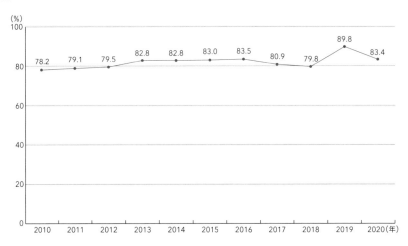

（出典）総務省「令和3年版　情報通信白書」より作成
https://www.soumu.go.jp/johotsusintokei/whitepaper/ja/r03/html/nd242120.html

■図5　インターネット利用端末の種類（2019年、2020年）

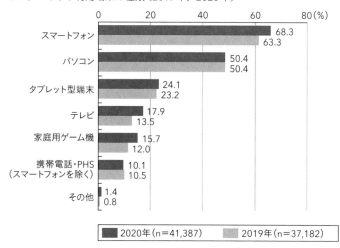

（出典）総務省「令和3年版　情報通信白書」より作成
https://www.soumu.go.jp/johotsusintokei/whitepaper/ja/r03/html/nd242120.html

● 表1　インターネットの歴史

年	出来事
1969年	アメリカ国防総省の国防高等研究計画局が、研究・調査のために構築したネットワーク　ARPANET（アーパネット）を開発。4台のコンピュータを結んだネットワークだった
1972年	大学を含む米国内の15カ所、23台のコンピュータがARPANETに接続される。電子メールのシステムが開発され、ARPANETで使われ始める
1973年	ARPANETが英国のイギリスのロンドンカレッジ大学、ノルウェーの王立レーダー施設と接続される。国際間のネットワークとなる
1976年	米国AT&Tベル研究所でコンピュータネットワークのためのソフトウェアUUCPが開発され、1977年からOSであるUNIXとともに配布されるようになった
1983年	インターネットのプロトコルとして、TCP/IPが導入される。ARPANETから軍事ネットワークが切り離される
1984年	日本のインターネットの始まりとされるJUNETとして、東京大学、慶應義塾大学、東京工業大学が結ばれる。インターネットに接続したホストコンピューターが1000台を超える
1987年	インターネットの商用サービスが始まる
1989年	スイスの研究所CERNでティム・バーナーズ・リーによってWWWが開発される

信ネットワークの研究として開発されました。当時は米国と現在ロシアである ソ連の冷戦時代。通信設備が破壊されても、データ通信が行えるような ネットワークとして開発されたとも言われています。

表1でインターネットの歴史の中で、注目すべき出来事を簡単にまとめてい ます。米国でたった4台のコンピューターをつないだネットワークが、50年弱 で世界中に広がるネットワークに成長し、世界中の人が使うようになりました。

インターネットの通信技術「TCP/IP」と 基本ソフト「UNIX系OS」を採用したことが鍵

インターネットの技術として知っておきたいことを2つ、解説します。こ の技術が採用されて使われていることが、世界中に広がった理由となってい ます。また、インターネットで使われている多様なサービスを理解するとき の助けになるからです。

1つ目が**TCP/IP**（ティーシーピー・アイピー）。ネットワークでデータを 通信するための「**プロトコル**」と呼ばれる通信方法の取り決めです。異なるコ ンピュータがデータをやり取りするためには、ルールを決めておきます。そ の決まりがプロトコルです。TCP/IPが、スラッシュで区切られているのは、 TCPとIPの2つのプロトコルの組みあわせを示しているからです。

では、TCP/IPがどのように、データを送るかを説明していきましょう。 ネットワークでデータを送るときには、まとめて一気に送らずに小分けしま す。そうすれば細いネットワークでも効率よく送っていけるからです。この 小分けにしたデータのまとまりを、「**パケット**」と呼んでいます。小包という 意味です。この「パケットにして宛先へデータを送りますよ」という仕組み で経路は問いません。

小分けにしたデータは、次々と送られていきます。順番がわからなくな らないように番号が付いていて、最後のパケットには「これが最後」という ように印が付けられて送られます。

送られてきたパケットを順番に並べて、抜けやダブりがないか、最後ま で送られているかを、確認するのがプロトコル「TCP」の役割です。すべて

送られていればOKを出し、抜けていたら「この番号のパケットを送り直して」と要求をし、元のデータを再現してくれます。

　TCP/IPは、このシンプルな方法でデータをやり取りします。送り先は、「**IPアドレス**」と呼ぶ、数字が並んだ番地のようなもので指定します。図6のように、途中、ルーターと呼ばれる中継地点を通って、指定された場所まで、小分けにしてIPが送ります。

　途中でネットワークのトラブルがあって、一部が送れなかったら、TCPが確認をして、別のルートを使って送ります。このような柔軟性があるのが、TCP/IPの良い点です。

　もう1つ、インターネットが初期の頃に研究所の間、そして大学間のコンピューターをつないでいき、広がっていった理由に、基本のオペレーティングシステム（OS）に「Linux」を採用したことがあります。Linuxは、プログラムを作っているソースコードを公開し、基本OSが持つべき技術を、利用する研究者、学生たちが、自ら参加して共同開発していったものです。これは「**オープン**

■図6　インターネットで情報が届けられる仕組み

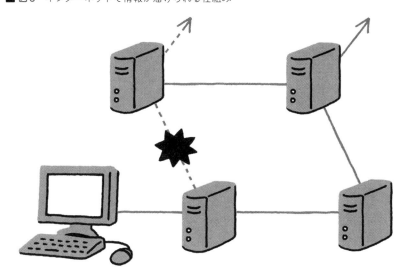

ソース」と呼ばれるソフトウェア開発の1つの方法です。ある一企業が独自に開発して、秘密は一切明かさず、利用には対価を求める。こんな一般的なビジネスの方法とは、対象的なのが「オープンソース」の考え方です。オープンソースのプログラムでは、ソースコードを公開し、再配布や改良を許諾しています。ソフトウェアを購入しなくても入手でき、より使いやすく改良し、さらに改良したプログラムを他の人々に公開できるのです。

　Linuxに TCP/IP が採用され、基本ソフトと通信プロトコルを利用する皆が進化させ、広げていく。世界中の人が利用できるコンピューターネットワーク、「インターネット」はこうして成長しました。今では、コンピューター同士だけでなく、無線を使った通信によって、スマートフォンやタブレットのようなモバイル機器でインターネットにつながります。いつでも、どこからでも、誰もが情報をやり取りできるネットワークの環境。それがインターネットです。

　現実の世界では、国境があったり、海を隔てていたりして、物と物とのやり取りや人の行き来には制約があります。インターネットを使った情報の

■図7　インターネットは小さなつながりから、世界中へと大きく育っている

やり取りには、国境も距離もありません。そこが素晴らしいところでもあり、新たな問題が起こる理由の1つにもなっています。インターネットで起こっている問題や、新たな課題は、このインターネットの成り立ちが関係していることを頭の片隅に置いておいてください。

● 現代の「情報」の4つの特性を理解しておこう

インターネットのようなコンピューターネットワークが世界中に広がり、データをやり取りできるようになりました。

何らかの意味を持たせるとデータは「情報」になります。デジタル化された「情報」は、図8のような4つの特徴を持っていると考えられています。

「複製性」とは、情報はまったく同じ情報をいくらでも複製することができることです。物のように、材料は必要ありません。Aさんが知った情報をBさんに伝えたら、情報は複製されたことになります。こうして次から次へと複製されて、広がっていきます。

■ 図8　情報の4つの特徴

複製性	複製して多くの人に伝えることができる
個別性	時、場所、状況、受け手によって意味が変わる
恣意性	発信者の意図が介在する
残存性	一度、発信された情報は残り、消し去ることはできない

「**個別性**」とは、情報を受け取る人の状況、立場によって、意味合いが変わることです。たとえば事件が起きたときに、当事者と関係ない第三者にとっては知りたいことも、どう感じているかも、まったく異なるはずです。

逆に発信者の意図が介在することを「**恣意性**（しいせい）」と言います。何を、どう伝えるか。発信者の意図があるから情報が作られるのです。

最後の「**残存性**」は、一度、発信された情報は取り消せないということです。たとえコンピューターのハードディスクから情報を消しても、伝えた先のコンピューターには残ります。ハードウェアのみに記録された情報なら、ファイルを削除すればいいのですが、コンピューターネットワークに発信された情報は、さまざまな場所にコピーされているので、完全に消すことはできず残ってしまうものだと知っておきましょう。

● 現実社会とネット社会が融合した「Society 5.0」へ

現在、日本の内閣府では、情報通信技術を活用して社会的な課題を解決する新しい社会の姿を「**Society 5.0**」と定義しています。内閣府のサイトによると、「サイバー空間（仮想空間）とフィジカル空間（現実空間）を高度に融合させたシステムにより、経済発展と社会的課題の解決を両立する、人間中心の社会（Society）」と説明しています。狩猟社会（Society 1.0）、農耕社会（Society 2.0）、工業社会（Society 3.0）、情報社会（Society 4.0）に続く、新たな社会を示しています。

言及されている「人間中心の社会」は、技術ありき、モノづくりを重視してきた日本の企業が、サービスデザインや人間中心デザインと呼ぶ考え方や手法を取り入れ始めたことにもつながります。利用する人にとってやさしく、役立つシステムやアプリ、サービス開発は、企業、行政に広がっています。

■ 図9　Society 5.0のイメージ

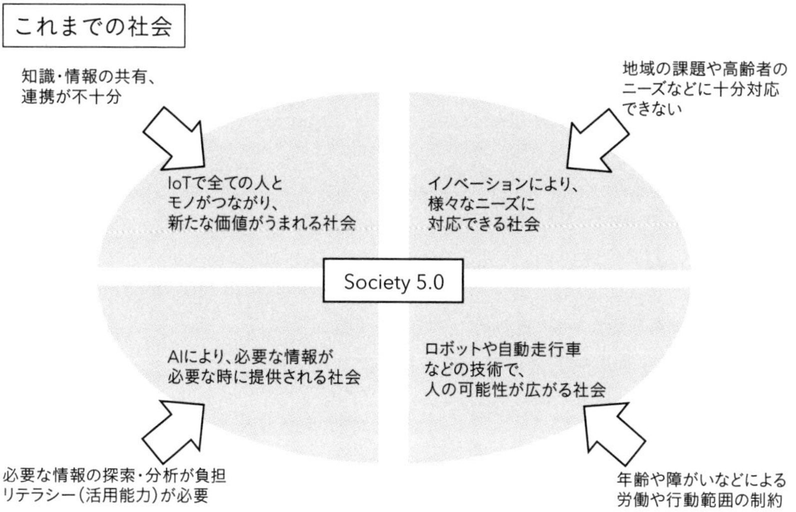

これまでの社会

知識・情報の共有、
連携が不十分

IoTで全ての人と
モノがつながり、
新たな価値がうまれる社会

地域の課題や高齢者の
ニーズなどに十分対応
できない

イノベーションにより、
様々なニーズに
対応できる社会

Society 5.0

AIにより、必要な情報が
必要な時に提供される社会

ロボットや自動走行車
などの技術で、
人の可能性が広がる社会

必要な情報の探索・分析が負担
リテラシー（活用能力）が必要

年齢や障がいなどによる
労働や行動範囲の制約

（出典）内閣府科学技術政策「Society 5.0」
https://www8.cao.go.jp/cstp/society5_0/

参考文献、Webサイト

- 『テレビ放送の歴史』 NHKアーカイブス
  https://www2.nhk.or.jp/archives/search/special/detail/?d=history008
  | 1953年からスタートした、NHKのテレビ番組の変遷が見てわかるサイトです。

- 『情報通信白書』 総務省
  http://www.soumu.go.jp/johotsusintokei/whitepaper/
  | 情報通信に関する多様なデータを知ることができます。毎年発行され、信頼できるデー
  | タが、無料で使えるのも嬉しい点です。

- 『情報通信白書 for Kids』 総務省
  https://www.soumu.go.jp/hakusho-kids/
  | 子ども向けだからこそ、わかりやすく解説されているのが魅力です。インターネットの
  | 仕組みや、安心安全な使い方、活用やサービスなどが解説されています。用語集や理
  | 解度テストも参考になるでしょう。

- 『インターネットとデジタルアーツのあゆみ』デジタルアーツ
  https://www.daj.jp/history/internet/
  | 1984年の日本でのインターネット登場から2020時代ごとの「日本におけるインター
  | ネットの歴史」を読むことができます。ヒット商品の紹介など社会の変遷も知ることが
  | できます。

- 『Society 5.0』内閣府の政策
  https://www8.cao.go.jp/cstp/society5_0/
  | 第5期科学技術基本計画において我が国が目指すべき未来社会の姿として提唱された
  | 「Society 5.0」について説明されています。

- 『サービスデザイン』デジタル庁
  https://www.digital.go.jp/policies/servicedesign/
  | デジタル庁が進めるサービスデザインの定義や考え方を知ることができます。

- 『SDN Japan』サービスデザインネットワーク・ジャパン
  https://www.service-design-network.org/chapters/japan
  | ドイツに本部を持つ、サービスデザインネットワークの日本支部で、2013年に設立。
  | サービスデザインの分野のエージェンシー、アカデミア、事業会社の各領域からの共同
  | 代表によって運営されています。

- 『人間中心設計』特定非営利活動法人 人間中心設計推進機構
  https://www.hcdnet.org/
  | 人間中心デザインに関する学際的な知識や企業の事例、各種のセミナーについて知るこ
  | とができます。

- 『一般社団法人 人間中心社会共創機構』
  https://hcs-cc.org/
  | 人間中心デザインの基礎知識検定（HCD検定）を実施し、人材教育を行っています。

第 3 章

ネット時代の
コミュニケーション

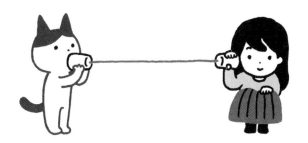

　情報通信社会と呼ばれる現在の私たちの社会では、インターネットによって、人と人とのコミュニケーションの方法が大きく変わりました。現在は、ネットでのコミュニケーションと旧来のアナログな連絡方法が混在しているのも特徴です。ネット時代のコミュニケーション手段は、次々と新しいサービスが登場しています。ネットマナーと呼ばれる点に気をつけることなど、サービスを上手に使う方法を知っておきましょう。

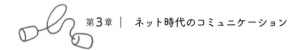

● インターネット以前の連絡手段

　世界中でつながっているコンピューターネットワークである「インターネット」は、私たちの連絡手段、コミュニケーションのスタイルを大きく変えました。

　インターネットが普及する前の世界を想像してみましょう。もっとも一般的な連絡手段は、**郵便**でした。日本全国、郵便が届く仕組みを社会のインフラとして整備しているので、封筒の表に住所と氏名を宛先として書いてポストに投函すれば、相手に届きます。ただし、ポストから郵便局、相手の最寄りの郵便局、そして宛先の家へ運ぶまでに1〜数日かかります。

　郵便よりも急ぐときは、「**電報**」という手段が使われていました。高校や大学の入学試験で合格を知らせる方法は、かつては学校の掲示板に貼り出されるほか、電報も使われました。電報は、送りたい本文を電報電話局や郵便局から相手近くの電報電話局へ電気信号で送り、それを再現して紙に書き、これを配達員が相手先まで配達するというもの。信号に変換して送るので、使える文字の種類はカタカナと数字、いくつかの記号だけです。できるだけ短い言葉で伝えるように、「合格しました」の代わりに「サクラサク」といった短い言葉で伝えたのです。家庭に**固定電話**が普及していったのは1960年代ですから、電話よりも連絡しやすく確実で、速い連絡手段だったのです。

　固定電話が企業や商店、家庭に普及していくと、直接、リアルタイムで情報をやり取りする手段として活用されました。1対1での通信が基本で、複数の人とのやり取りはできません。また、音声で話した内容は残らないので、後から確認できない、相手が不在だと話せないことが不便です。

　1980年代に入ると、電話回線を使った通信機器、**ファクシミリ**（FAX）が使われるようになりました。これは書類に書かれている情報を画像として読み取ってデジタル化し、信号処理して電話回線を使って送受信する機械です。送った書類は残るので、後から確認できることもメリットでした。多くの企業で導入され、家庭向けのコンパクトなファクシミリも販売されていまし

た。現在でも、商店で注文を受けたり、発送の連絡をするといった用途で使われています。

● インターネットが時間、距離の制約をなくす

郵便や電話といった社会的なインフラを使った連絡手段は、**インターネット**の普及によって大きく変わりました。

インターネットは、接続サービスの利用料金は別として、誰もが無料で使えるネットワークです。また、市外や海外への電話は料金が高くなるといった、電話回線のような距離の制約がありません。世界中どこからでもアクセスでき、どこへでも同じ条件で送れます。

また、送信したデータは、ほぼリアルタイムで相手に届きます。郵便のように数日かかるということはありません。また電話のように相手がいないと話せないということはなく、送信しておき、相手は都合のよい時間に読めばよいので、効率的にやり取りができます。

つまりインターネットによって、連絡手段の距離と時間の制約が一気になくなりました。

● 表1　従来、現在の連絡手段の特徴

手段	相手	届くまでの時間
郵便	特定の1人	1～数日
電話	特定の1人	リアルタイム
電報	特定の1人	数時間
ファクシミリ(FAX)	特定の一カ所	ほぼリアルタイムに届く
電子メール	1人または複数	ほぼリアルタイムに届く
メッセージングサービス	1人または複数	リアルタイム
ネットによる音声通話	1人または複数	リアルタイム

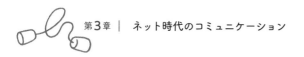

◐ メールは、相手を特定した連絡手段

電話や郵便、ファクシミリに今や取って代わった通信手段が、「**電子メール**」です。eメール、単にメールとも呼ばれています。

インターネットの電子メールの特徴は、「どこの誰に」ということを指定して、データを送信することです。宛先を示すのが「メールアドレス」です。メールアドレスの「@」で区切られている右側が「どこの」、左側が「誰なのか」をそれぞれ表しています。

メールアドレスは、大学や企業など所属の組織を示すことにもなります。大学の授業関連や就職活動では、大学から配布されているメールアドレスを使いましょう。携帯電話会社のメールアドレスや、個人で契約しているプロバイダーのメールアドレスは、個人的な連絡に使うことが基本です。

また、インターネットのメールでは、本文とは別に、ファイルを添付することができます。ワープロソフトや表計算ソフトで作った各種の資料や写真など、相手に送りたいファイルを添付して送信します。

◐ 手軽で簡単。メッセージングサービス

電子メールよりも手軽に、短いメッセージのやり取りができるメッセー

■図1　メールアドレスの仕組み

shigeko.takahashi@rikkyo.ac.jp

名前を表す部分。同じドメインでは、同じ名前は付けられない

ドメインを表す部分。属性がわかる。
ac ：大学や教育機関
co ：企業
go ：政府の機関
jp ：国、「jp」なら日本を
　　　表している

ジングサービスが増えています。最近のサービスはスマートフォンでの利用を前提として、簡単かつタイムリーにメッセージをチェックし、返信できる機能を備えています。

　典型的なサービスが「LINE」です。友達を登録しておけば、メールアドレスの指定や件名の入力をしなくても、メッセージをやり取りできます。複数の人でグループを作り、グループ内でやり取りできるのも便利です。

　スマートフォンではメッセージを受信したら、画面に通知されるので、アプリを起動する手順もなく、メッセージを読めることも便利だと言えるでしょう。

　LINEについては、スタンプを使ってやり取りできることが人気を呼びました。LINEが公開している資料によると、2020年9月で国内の月間利用者数は8600万人で、日本以外では台湾、タイ、インドネシアでも利用されています。

■図2　電子メールの画面

・宛先
・複数の人に指定できる
・件名
・本文

■図3　LINEでのメッセージのやり取り

・相手と自分のやり取りが吹き出しのように表示され、スタンプで気持ちを伝える

◉ ネットを使った音声通話・ビデオ通話・Web会議

　固定電話では電話会社が敷設した電話回線を使って通話します。携帯電話やスマートフォンは、携帯電話会社が提供する通信回線を使って、携帯電話用のアンテナと携帯電話間で電波をやり取りして、通話や通信します。

　こうした通信回線の代わりに、インターネットを使って、音声をデジタル信号に変換してやり取りするのが、音声通話やビデオ通話の仕組みです。パソコンやスマートフォンのマイク、スピーカーを使い、相手とリアルタイムに音声や動画のやり取りをします。Skype（スカイプ）や、LINEの音声通話やビデオ通話などのサービスがあり、アプリを起動して利用します。

　電話回線や携帯電話の通信回線では、話す時間に応じて課金され、遠距離では通信料が高くなるといった通信回線の使用の仕方に応じた課金がされます。一方、インターネットを使った音声通話やビデオ通話では、何分話しても、遠くから呼び出しても、料金は変わりません。

　2019年以降、世界中で新型コロナ感染症が広がり、リモートワーク、オンライン授業が一気に普及しました。授業や会議に、Zoom（ズーム）やGoogle Meet（グーグルミート）、Teams（チームズ）などのWeb会議システムが使用されるようになりました。ブラウザやアプリを使い、インターネットを利用して、複数の参加者がリアルタイムで音声と画像でやり取りするシステムです。内容を録画して、後から確認することもできるので便利です。

◉ Webを使った情報発信

　現在、企業や大学、官公庁、商店などの情報発信の基盤となっているのが、Web（ウェブ）です。WWW（ダブリューダブリューダブリュー）や、World Wide Web（ワールドワイドウェブ）とも呼ばれます。ちなみにWebとは、蜘蛛の巣の意味。世界中に蜘蛛の巣のように張り巡らされた情報共有の仕組みです。

　情報であるコンテンツをハイパーリンクと呼ばれる仕組みで連携して、

■図4　Webの仕組み

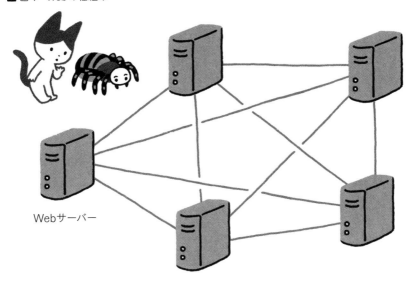

Webサーバー

■図5　Webページの仕組み

メニューをクリック
して、見たい項目を
選択すると、

リンク先のページが
表示される

http://www.rikkyo.ac.jp/

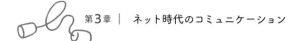
リンクをたどって関連する文書を次々と表示することができます。Webサーバーという情報を蓄積したデータベースのようなコンピューターが、インターネットによって相互に接続され、その様が蜘蛛の巣のようです。このWebサーバーの情報を、場所とファイルを指定して情報を送ってもらい、自分のパソコンやスマートフォンの画面で確認できるのです。

開発したのは1989年、スイスの原子核研究機構「CERN」に所属していたティム・バーナーズ・リーです。膨大な資料を共有する仕組みとして、従来あったハイパーテキストと呼ばれるハイパーリンクの仕組みと、インターネットを結びつけたアイデアを公開しました。

CERNでは技術を独占するのではなく、ソースコードを公開し、多くの研究者が改善、レビューをしながら作り上げていきました。最初は文字情報だけだったWebの情報に、画像も扱えるようにするなど、進化させていきました。

Webの情報は、HTML（エイチティーエムエル）という記述言語を使って表現されています。文字や画像などの情報を、送った先でどのように表示するかを、タグというHTMLの作法で書きます。HTMLの作法で記述したHTMLファイルを、Webサーバーに蓄積しておきます。これで他の人にも、情報共有できるようになります。

● Webより簡単に情報発信できるブログ

Webで情報を公開するには、インターネットに接続されているWebサーバーに、HTMLファイルを格納します。Webページを作成して公開するには、HTMLの記述方法など技術的な知識が必要です。HTMLの記述方法がわからない、見栄えのいいWebを作りたいというときは、Web制作をしている会社に作成を依頼することになります。

こうした手間をかけずに、インターネットで情報発信をできる仕組みが、「Blog（ブログ）」です。「ブログ」は、「Web（ウェブ）」と「Log（ログ）」を組み合わせた造語と言われています。ブログは、CMS（コンテンツマネージメントシステム）と呼ぶ、ブログの文章や画像を簡単に管理できるシステムを

使うことで、HTMLの技術を知らなくても、Webページを手軽に更新することができるものです。

　企業や大学のWebでも、お知らせのような頻繁に情報を更新するページの部分は、ブログシステムを使っている場合があります。また、芸能人やスポーツ選手が自分の動向をブログで公開している例が多いように、手軽に自ら情報発信できることがメリットです。スマートフォンからもブログページを更新できます。

　米国では2001年の世界同時多発テロの後、既存のマスメディアが発信する情報だけでなく、市民自らが情報を発信し、議論する草の根ジャーナリズム的に発展したと言われています。そのため、議論を深めることができるように、双方向のトラックバックの機能を持っています。一方向にリンクしているWebページとの違いです。

　日本では、ブログは日々の出来事をつづる、日記的な使われ方がされて

■図6　X（旧Twitter）画面

「ツイート」と呼ばれる
つぶやき

リアルタイムの情報収集や発信に使われる

■図7　Instagram画面

写真を主として
情報発信

写真を使った投稿サイト

います。

　情報発信、情報収集のツールとして、多くの人に使われているX（旧Twitter）は、仕組みとしてはブログと似ています。短いメッセージ、1つ1つをコンテンツとしてシステムが管理します。そのため、ミニブログやマイクロブログと呼ばれています。

　他の人のアカウントを「フォローする」という設定をしておくと、その人のつぶやきが画面に表示されます。今、何が起こっているかを知り、自分をフォローする「フォロワー」たちに向けて情報を発信できます。

　写真を中心とした情報発信のツールとして活用されているのが、「Instagram（インスタグラム）」です。短い動画を投稿することもでき、気に入った画像や動画を見て観光スポットに出かけたり、商品を購入したりするといった消費行動にもつながっています。

◉ 人と人とのつながりを促す、ソーシャルネットワークサービス（SNS）

　インターネットを使い、人と人とのつながりを促進するのが「ソーシャルネットワークサービス（SNS）」です。

　SNSでは自分の友達や知人を登録して、その人たちと情報交換できます。グループを作って、グループのメンバーだけに情報を発信することも簡単です。世界中の人に情報が公開されるWebやブログと違い、範囲を限定してコミュニケーションできるため安心感があります。「この情報は、この人たちに伝えたい」と指定できるので、コミュニティでの情報共有に役立ちます。

　また、友達の友達を表示する機能も持っています。友達の友達なら知り合いかもしれないですし、新たな友達になるきっかけにもなります。

　こうした人と人とのつながりをサポートしてくれる機能の便利さで、多くの人が使っています。Facebook（フェイスブック）は、世界中の人が使っている巨大なSNSです。特徴的な点は、実名を使って登録すること。これが実社会との接点となり、旧友を見つけたり、新たな人脈を作ったりする場となっています。

ネットマナーに気をつけよう

　現在、従来にはなかったさまざまなネットを使ったコミュニケーションサービスが登場しています。いつでも、どこからでもアクセスして、人と人とをつなげてくれる便利な道具である反面、相手の顔が目の前にないため、気持ちのすれ違いや感情の高ぶりから、ネット上のケンカになることも少なくありません。当事者以外の第三者を巻き込んで、トラブルが大きくなることを「**炎上する**」といった言葉で表現することもあるように、トラブルの大きな炎に焼かれて傷ついてしまうこともあります。

　こうしたトラブルを防ぐためには、ネットでのコミュニケーションの特質を知って、やりとりしましょう。

　人と人のつきあいを円滑にするためのマナーをエチケットと呼ぶように、ネットでのマナーを「**ネットマナー**」または「ネチケット」と呼んでいます。ネットマナーを守って、無用なトラブルを防ぎ、意義のあるコミュニケーションをしましょう。

　ネットでのコミュニケーションは、顔が見えないことや、従来の人付き合いよりもスピーディーにやり取りがされることから、感情が増幅される傾向があります。「一晩眠って次の日に会ったら、何故、怒っていたのか忘れてしまった」というようなことは起こらず、短時間でやり取りを繰り返すことで、感情が高ぶって強い感情が引き起こされがちです。そこでネットでのコミュニケーションでは、次の点に留意しましょう。

- 参加者が互いに尊重する
- 一時の感情で書き込まない
- 引用や転載に留意する
- 自分や知人のプライバシーに留意する
- 知的財産権に留意する

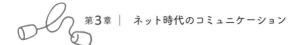

　参加者が互いに尊重しあうのは実社会でも同じです。顔が見えないからこそ、相手の気持ちを考えて書き込みをすることが大切です。

　また、一時の感情で書き込むのは、誤解を生み炎上を招く一因になります。カチンときたら、いったん画面を見ずに気持ちを落ち着かせましょう。ゆっくりと考えてから対応することが賢明です。

　他の人が書いた内容を引用したり、転載したりすることにも注意が必要です。たとえば軽い気持ちで自分の体験からの感想を書いている「それっておかしいですよね」の言葉を、特定の人への批判で引用したら、一緒に批判しているように読めてしまいます。「そんなつもりで言ったのではないのに……」と、引用された人は思うかもしれません。引用や転載は慎重にし、必要なら相手に確認をとってからしましょう。

　ネットのコミュニケーションサービスは、多くの人が見る可能性があります。自分や知人の行動や生活を、他の人に知らせることにもつながります。プライバシーをどこまで伝えてもよいのか、自分で考えましょう。ま

■図8　顔が見えないネットでのコミュニケーションの特徴

- 相手の表情がわからないので、感情が一方的に高ぶりやすい
- ついつい強い口調で書いてしまうこともある

た、写真に一緒に写っている人には、ブログやSNSで公開してもいいかを確認します。相手は、公開してほしくないかもしれないからです。住所が特定されるような書き込みや写真には注意しましょう。

　そして、**知的財産権**、**著作権**にも留意します。人の作品を無断で掲載することは、著作権を侵害します。好きなアーティストの歌詞を書き込む。これも著作権を侵害することにつながります。著作者の権利を守るということは、プロのものだけでなく、一般の人の作品でも同じく注意が必要です。また、他人の顔写真をSNSなどに無断で投稿することは、肖像権の侵害になります。自分が撮った写真でなくても同様です。肖像権とは、「みだりに自己の容貌や姿態を撮影されたり、撮影された肖像写真を公表されない権利」のことです。自分以外の人が映り込んだ写真を投稿するときには留意しましょう。

　こうしたネットマナーを守って参加することは、自分を守るだけではなく、ネットでのコミュニケーションをより良いものにすることにつながります。

　SNSの使い方については第14章でも説明します。

参考文献、Webサイト

・『安心してインターネットを使うために 国民のためのサイバーセキュリティサイト』 総務省
　https://www.soumu.go.jp/main_sosiki/cybersecurity/kokumin/index.html
　情報セキュリティの1つとして、情報発信の際の注意や、インターネット上のサービス利用時の脅威と対策にSNS利用上の注意点がまとまっています。

・『守っていますか？ルールとマナー』 警視庁
　https://www.keishicho.metro.tokyo.jp/smph/kurashi/cyber/notes/rule_manner.html
　インターネット利用の7か条が、簡潔に説明されています。また、トラブルになったときのための「サイバー犯罪に関わる相談窓口」の問い合わせ先も記載されています。

メディアの変遷

　情報を伝える「媒体」であるメディアは、情報通信社会に
なり、大きく変わってきています。印刷、放送といった従
来のメディアも、情報革命の波によって変革の時期にきて
います。この章では、人間が情報をどのように伝えてきた
か、メディアはどのような役割を持っているのかを学びま
す。コンピューターやネットワークによって、情報とメディ
アがどう変わり、変化していくのかを考えるための知識を
身につけておきましょう。

◉「情報」と「メディア」

　「情報」を誰かとやり取りするためには、なんらかの媒体に載せる必要があります。声でやり取りするなら空気の振動、手紙を書くなら紙と文字が必要です。こういった情報共有のための媒体を「メディア」と呼びます。

　どのようなメディアが使えるかが、やり取りできる情報のあり方も左右してきました。メディアと情報の変遷を考える観点はさまざまにありますが、特に重要なのは、どんな種類の情報をやり取りできるか、情報を記録できるか、どれだけの相手に情報を伝えられるか、どれだけの人が使えるか、どれだけの速さで情報を伝えられるか、等です。

◉ 言語と文字の発明

　人類が最初から使っていたメディアは音声と身振りや手振り、表情でした。これらは多くの動物も使っています。求愛の唄や踊り、仲間に警戒を促す叫び声など、全ては情報のやり取りです。人類も最初はそういった方法で情報をやり取りしていました。

　人類と動物の情報共有の方法を分けたのは、**言語の発明**でした。言語と動物の鳴き声の違いは「単語」の有無です。特定の意味に特定の音を割り当てる「単語」によって、音声により物事を細かく表現できるようにしたものが言語です。言語を使うようになったことで、人類は仲間と情報を詳細に共有できるようになり、今に至る発展の礎を築きました。

　しかし言語には、（当時はまだ）記録することのできないメディアである音声を使ってやり取りすることに伴う限界がありました。言語によるやり取りは、同じ時間に声の届く範囲にいる相手としかできません。誰もが使うことができ、同じ場所にいる相手には速く情報を伝えられますが、遠くにいる相手や多数の相手との情報のやり取りには不向きでした。これらの欠点の克服には、言語を記録するもの、文字の発明を待つ必要がありました。

　最初にメディアに記録された情報は言語ではなく、絵でした。フランス・

ラスコー洞窟には1万5千年前のものと思われる、動物や人間等を描いた絵が残されています。絵はやがて抽象度を高め、イラストの形状と何らかの意味を紐付けた絵文字へと発展します。さらにイラストの形状に意味を結びつけるのではなく、なんらかの言語（単語や音声そのもの）が結び付けられた時、絵文字は「文字」になります。この**文字の発明**により、言語をメディアに記録できるようになりました。そして言語を記録できるようになったことで、声が届かない遠くにいる相手と手紙でやり取りをしたり、時間が経っても以前に書いた情報を見ることができるよう文書を残すなど、同じ時間・同じ場所にいない相手とも詳細なやり取りができるようになったのでした。

教育と識字率

　文字が発明されたことで多くの人と、時間や距離を超えて情報を共有できる時代の下準備はできました。しかしすぐにそのような時代が来たわけではありません。文字を習得するにはそのための教育を受ける必要があるからです。

　文字が発明された当初、古代メソポタミアやエジプトでは、子どもに教

■ 図1　絵⇒絵文字⇒文字の具体例

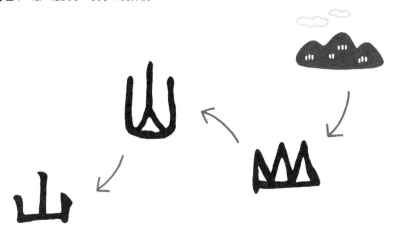

育を受けさせる余裕のある家庭はごくわずかで、文字の読み書きは「書記」という一部の人々が担っていました。書記は情報のやり取りを一手に担う、特権的な立場を築きました。

　時代を下り、古代ギリシアやローマの時代には、教育が盛んになり、多くの人が文字を読み書きできるようになります。この時代には巻物の形で「書物」も流通するようになり、出版・書店業や図書館も現れました。多くの巻物にはエジプトから輸入されたパピルスという植物を使った、薄い材料が使われていました。また、新たな書物を作るには手で書き写すしかなく、大量生産される場合には奴隷がこの作業を担いました。

　いったんは文字を使った書物が多くの人に情報を伝える手段として成立しました。しかし古代ローマが崩壊した後の中世では、農村での自給自足に基づく社会が生まれ、教育に費やす時間も、その必要性もなくなり、ヨーロッパの識字率は大きく低下します。再び文字を使って多くの人と情報を共有できるようになるには、産業革命が起こるまで待つ必要がありました。中国を中心とし、日本を含む漢字文化圏の場合も、少し事情は異なりますが、大多数の人々が文字を読めるようになるのは近代前後のことでした。

紙と印刷：アジアのメディア

　漢字文化圏とヨーロッパの最大の違いは「**紙**」の存在でした。中国で2世紀に文字を書くメディアとして成立した紙は、漢字文化圏の中では比較的早期に普及しました。日本には5世紀に既に輸入され、6世紀には日本独自の紙の生産も始まっていたとされています。ヨーロッパで紙の生産が始まるのは11世紀のことですから、いかに早い時期に日本に紙が持ち込まれていたかがわかります。ほかの地域では書物ははじめ、粘土板やパピルス、動物の皮、木や竹の板を加工したもの等で作られていましたが、日本では書物は最初から紙で作られるものでした。

　紙と同じく、**印刷技術**も中国で発明されたと考えられています。印刷とは文字を手で書き写すのではなく、木の板等に左右反転した形で文字を彫っ

た「版」を作り、その版に墨などを塗った上で紙などのメディアに転写する技術です。墨やインクの染み込みやすい紙は印刷に向いた材料でした。

中国で印刷が発明されたのは5世紀頃のことと考えられています。いつ印刷されたのかはっきりわかっている最古の印刷物は日本に残っている仏教の経典、百万塔陀羅尼で、764年から770年にかけて作成されました。しかし百万塔陀羅尼は情報をやり取りする手段というよりは宗教的な目的で作成されたもので、その後も日本における印刷は主に仏教の経典を奉納する目的で行われます。情報をやり取りする手段として印刷が盛んに行われるようになるのは、江戸時代のことです。

11世紀には再び中国で、活字が発明されます。それまでの印刷は木の板などに印刷したい文章をまとめて彫り込むものでした（木版印刷）。新しい文章を印刷したいと思ったら、一から文字を掘り出す必要があります。一方、活字とは文字を1つだけ彫り込んだものをいくつも作り、印刷したい文章に合わせてそれらを組み合わせた「版」を作る技術です。使い終わった版をばらせば、別の文章を印刷するときに使いまわせます（活版印刷）。

活版印刷は木版印刷に比べ、とても効率が良いように思えますが、活版

■図2　百万塔陀羅尼

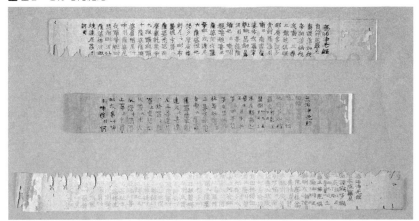

印刷が発明された後も、アジアにおける印刷の主流は木版印刷でした。文字の種類の多い漢字を使う文化圏では活字も色々な種類を用意しなければならず、木版印刷に比べて必ずしも生産能力が高いわけではありませんでした。活版印刷が威力を発揮するのは、文字の種類の少ないアルファベットを使う、ヨーロッパにおいてでした。

● 活版印刷の成立と影響

ヨーロッパにおける**活版印刷**は15世紀半ば、ドイツの**グーテンベルク**が活版印刷機で聖書を印刷・出版したことが始まりです。グーテンベルクの印刷機は金属でできた活字を用い、ワイン作りのためのぶどう絞り器を改造したプレス機によって、毎回同じ力で印刷ができるようにしたものでした。最初に印刷された聖書の部数は180部程度だったと言われています。それだけか、と思うかも知れませんが、手で書き写されていた時代の聖書は、1冊作るのに時に15ヶ月を要したと言われていますから、これは大きな進歩でした。

その後の100年余りで活版印刷はヨーロッパの250以上の都市に広がり、特に印刷の中心地となったイタリアの都市国家ヴェネツィアでは、16世紀

■ 図3　西洋の金属活字

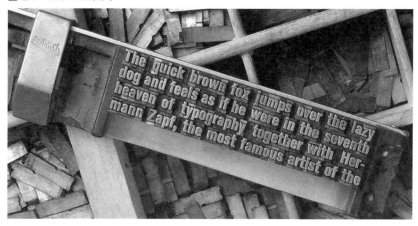

中に1万5千タイトル、千5百万冊以上の書物が印刷されたといいます。

　活版印刷の普及は社会にさまざまな影響を与えました。16世紀にはじまる宗教改革もその1つです。ローマ・カトリックを批判するために、ドイツの宗教改革者**ルター**は印刷を最大限利用します。彼が印刷によって広めたパンフレット等はルターの主張を広めることに大きく貢献しました。また、ルターはそれまでローマ時代の言語であったラテン語で作られていた聖書を、ドイツ語に翻訳して印刷します。今まで生活には必要のないラテン語を身に付けるだけの余裕のある、聖職者や一部の人々にしか読めなかった聖書を、ドイツ語が読める人ならば誰もが読むことができるようになったわけです。このラテン語以外の言語（俗語）を印刷するという試みは、さらに多くの影響を社会にもたらします。俗語での印刷が増えたことが、それまであまりはっきりしていなかった各国の「**国語**」の形成につながります。書き方のはっきりしていたラテン語と異なり、ドイツ語やフランス語等の各地域の言葉は、単語の綴りも明確ではなく、言葉の使い方にも地域によって差異がありました。しかし印刷するとなると、ある程度の部数を刷らねば利益が出ませんから、小さな差は無視して、ある地理的範囲の中の最大公約数的な文章を印刷し、流通させます。それが地域ごとの言語、「国語」を作っていったわけです。

● マスメディアの成立

　とはいえ、活版印刷で盛んに書物が流通するようになっても、文字を読める人の数はやはり限られたままでした。印刷の中心地であったヴェネツィアでも、初等教育を受けた人は成人男性の4分の1程度でした。それ以外の地域の識字率はさらに低く、17世紀末のフランスで自分の名前を書ける人は20％程度であったと言われています。ルターの印刷したパンフレットや聖書も、一部の文字を読める人が多くの人に読み聞かせていました。印刷された書物はまだ、単独で多くの人に情報を伝えられるメディアではありませんでした。

　書物が多くの相手に情報を伝えられるメディアになるには識字率の向上が必要です。ヨーロッパの識字率が大きく改善したのは近代、**国民国家**の成立と産業革命の時期のことでした。

　国民国家とは一定の地理的範囲に住む、同じ「国語」を共有する人たちが1つの「国家」を統治することではじめて成り立ちます。同じ言語で書かれた知識が共有できるので、国家の問題やニュースを共有し、議論することができるわけです。逆に言えば人々に文字を読む能力がなければ、国民国家は成り立ちません。そこで、近代には国の負担で国民を教育する、公教育が行われるようになります。

　また、資本主義と産業革命によって、自給自足の農民ではない「**労働者**」が現れたことも教育が広まる背景になります。工場で働く労働者の質を高めるには、文書によるやり取りができるよう、文字を読めることが重要です。労働者にとって自身の地位向上につながるのはもちろん、資本家にとっても生産能力を高めるメリットがあります。

　こうして教育が人々に行き渡るようになったことで、たとえば20世紀初頭のフランスでは既に現在と同程度の識字率になっていたと言います。この頃にやっと、印刷メディアは非常に多くの人々に情報を伝えられるメディア

● 表1　印刷機の性能の推移

	印刷機の名称	1時間あたりの印刷能力
1450〜	グーテンベルク（木製）	片面30〜40枚
1798	スタンホープレス（鋼鉄製）	片面250枚
1814	シリンダープレス（蒸気を利用）	片面1,000〜1,100枚
1846	ホー式輪転機（初の輪転機）	片面8,000枚
1868	ウォルター輪転機	両面12,000枚
1891	六倍形新聞輪転機	24ページの新聞24,000部

になったわけです。

　産業革命は別の面でも、印刷メディアに大きな力を与えました。活版印刷が発明された15世紀当時、その印刷能力は1時間に片面30〜40枚程度でした。写本に比べればはるかに勝るものの、大量に書物を印刷するには長い時間を要します。それが19世紀に入り、人力ではなく蒸気などの動力を使った印刷機が開発されたことで、印刷力は飛躍的に伸びます。輪転機が発明された19世紀後半には1時間に両面1万2千枚を印刷することができるまでに向上しました。

　その印刷力を背景に発展したのが、日々のニュースを人々に伝えるメディア、新聞です。同じく産業革命によって鉄道などの交通網も発達し、大量の人々に、極めて迅速に文字情報を伝えられる、いわゆるマスメディアが成立したわけです。

　こうして文字や絵等の情報を、多くの相手に、素早く伝えられるようになりましたが、それは同時に人々を煽動するプロパガンダに使われることにもなりました。また、人々が求める情報を得ようと新聞等の**マスメディア**が競いあうようになり、著名人等のプライバシーが侵害される事件も多発するようになります。こういった事態を少しでも避けるべく、マスメディアにはマスメディアの倫理が求められるようにもなっていきました。

🔵 画像・動画メディア

　画像メディアの前身としては絵がありますが、人の手を介さず景色をそのまま写しとる**写真**も、当初は絵の作成を補助するものでした。真っ暗な部屋や箱の中で、一方の壁面に小さな穴をあけ光が差しこむようにすると、対面に外の景色が上下逆さまに写ります。この光の特性を絵を描くときに利用する装置が、現在のカメラの原型にあたります。19世紀には薬剤を使うことで穴から差し込む景色を手で写すのではなく、直接定着させる技術がフランスで発明され、今のような写真が実現します。当初は1枚の写真を撮影するのに8時間を要しましたが、19世紀中に材料の工夫など次々と技術開発

が進み、同世紀末にはフィルムを巻き取った形のカメラが成立しました。また、世界初のカラー写真も19世紀に既に実現されています。

　写真の成立は動画メディアの実現の基礎でもありました。人間の視覚には少しずつ異なる静止画像を連続して見ると、網膜に残る残像によって画像が動いているように見えるという特性があります。パラパラマンガの原理です。フィルムに画像を連続して記録する技術が発明されると、19世紀末には網膜の特性を利用して、動いている（ように見える）映像を鑑賞できる装置、**キネトスコープ**が開発されます。キネトスコープは人が映写機を覗き込むものでしたが、その数年後にはスクリーンに動画を投影し、多くの人が同時に鑑賞できる装置、**シネマトグラフ**も発明されます。映画の誕生です。ただし、当初の映画は音声は伴わない、無声映画でした。音声付きの映画の実現には動画の撮影とは別の技術、音声をそのまま記録・再生できるメディアが必要になります。

● 音声メディア

　音声の記録・再生技術も19世紀に発明されました。音は空気の中を波のように伝わります。その波形を記録しておき、再生時には針などを波形にあ

■ 図4　カメラの原理

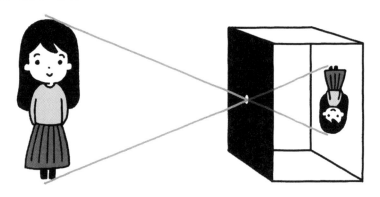

わせて振動させ、その振動が空気を震わせることで音を再生させる技術がまず開発され、さらに19世紀中に技術躍進が進み、現在の**レコード**の形が成立していきます。

■図5 蓄音機とその発明者、エジソン

それまで消えてしまうものであった音声を記録できるメディアの出現は、会話の記録や音楽の記録・再生など、さまざまな形で活用できるものでした。さらに動画メディアと音声メディアを組み合わせることで、音声付きの映画も実現されます。これらの動画・音声メディアの登場は、印刷メディアでは扱えなかったさまざまな情報を相手に伝える手段となりました。

とはいえ、動画・音声の記録・再生技術だけでは、映画館を訪れたりレコードを購入し持ち歩くような、一部の相手にしか情報を伝えられません。動画・音声メディアが多くの人々が日常的に触れるものになるには、通信・放送技術の発展も不可欠でした。

◯ 通信・放送の発展

通信・放送技術もまた19世紀に発明され、発展したものです。はじめての通信は19世紀半ばのアメリカで行われました。電線をつないで信号を送る技術により文字情報をやり取りできる、**モールス信号**の誕生です。

音声を電気信号によってやり取りする**電話**も、19世紀にアメリカで発明されました。その後、欧米の主要都市を電話網が結んでいきます。当初は電話の技術を使って音楽公演等が配信される、現代でいう有線放送のような形で使われていましたが、普及度が高まるにつれ個人間で情報のやり取りを行

う、現代の電話と同様の使われ方をするようになります。

　19世紀末には電線をつなぐのではなく、電波を発信して情報をやり取りする無線通信の技術が開発されます。この技術を活用して、音声を多くの人に伝えるメディア、ラジオが成立したのは20世紀初頭のことでした。さらに20世紀にはブラウン管を用い、電気信号を光に変換する技術も開発され、テレビ放送へとつながっていきます。

　通信・放送技術の発展により、文字、音声、画像や動画などさまざまな情報を、瞬時にやり取りすることができるようになりました。

マスメディアの時代からネットワークの時代へ

　ここまでに見てきたメディアでは、一度に多くの相手に情報を伝えられるメディアを利用できる人物はごく限られていました。手紙や電話、アマチュア無線など、一対一、少数対少数のメディアは個人でも扱えましたが、新聞や雑誌、ラジオ、テレビなどのマスメディアを利用できるのは一部の権力者やマスメディア関係者だけでした。マスメディアは時に第四の権力とも呼ばれる大きな力を持ち、その使い方も問われるようになりました。

　しかし20世紀末から現代にかけて、大きな変化が起こります。コンピューターの普及とインターネットの登場です。コンピューターには磁気や光等を用いた記録メディアが採用されており、文字や音声、動画などさまざまな情報を記録・加工できます。インターネットの歴史的経緯については第2章で扱われているのでここで再び説明はしませんが、このネットワークを通じてコンピューターで扱えるあらゆる情報を、瞬時に誰かと共有したり、公に発信することもできるようになりました。コンピューターの小型化が進み、スマートフォンなど持ち歩くのも簡単な端末が安価で手に入るようになったことで、現代では個人が、多様な情報を非常に多数の人々に、瞬時に発信できます。その結果、マスメディアを介さずとも誰もが誰とでも情報をやり取りできるようになった一方で、従来はマスメディアの課題であった、発信する側の倫理を誰もが身につけなければ、個人が容易にデマの流布や他人のプラ

イバシーの重大な侵害をしてしまいかねない時代にもなっています。

出典

- 図2　百万塔陀羅尼
  http://upload.wikimedia.org/wikipedia/commons/4/42/One_Million_Small_Wo
  oden_Pagodas_and_Dharani_Prayers_WDL2927.pdf
- 図3　西洋の金属活字
  http://upload.wikimedia.org/wikipedia/commons/thumb/2/2c/MetalTypeZoomI
  n.JPG/800px-MetalTypeZoomIn.JPG
- 図5　蓄音機とその発明者、エジソン
  http://commons.wikimedia.org/wiki/File:Edison_and_phonograph_edit1.jpg

参考文献、Webサイト

- 『インフォメーション─情報技術の人類史』 ジェイムズ グリック著、楡井浩一
  訳、新潮社、2013年
  > 古代から現代に至るまで、「情報」がどのように表現され、やり取りされてきたかをま
  > とめた通史。大部ですが、情報メディアの変遷を知る上で大いに参考になります。
- 『読むことの歴史─ヨーロッパ読書史』 ロジェ シャルティエ、グリエルモ カ
  ヴァッロ編、大修館書店、2000年
  > ヨーロッパにおける何かを「読むこと」の変遷を扱う論文集。こちらも大部ですが、メ
  > ディアと社会が如何にお互い影響し合いながら変わってきたか、その大きな流れを掴む
  > のに役立ちます。
- 『現代メディア史　新版』 佐藤卓己、岩波書店、2018年
  > 20世紀の出版、新聞、映画、ラジオ、テレビ等の各メディアについて概観するととも
  > にアメリカ・イギリス・ドイツ・日本を比較しています。第二次世界大戦においてメ
  > ディアがどのような役割を果たしたかを知ることができる一冊です。
- 『"読書国民"の誕生─明治30年代の活字メディアと読書文化』 永嶺重敏、日本
  エディタースクール出版部、2004年
  > 日本において全国に一斉に情報が行き渡る活字メディアがどのように形作られていった
  > のか、それが如何に「国民」の形成に貢献したかを論じた本です。本章であまり触れら
  > れなかった「図書館」の役割の重要性についても言及しています。
- 『ネット・バカ　インターネットがわたしたちの脳にしていること』 ニコラス・
  G・カー著、篠儀直子訳、青土社、2010年
  > 刺激的なタイトルですが、中身はメディアとしてのインターネットやコンピュータが知
  > 的活動にどのような影響を与えているか、豊富な事例や研究成果を引用しながら解説し
  > ている真面目な本です。メディアとしてのインターネットが使用者本人に与える影響を
  > 考える参考になります。

第 5 章

メディア・リテラシー

前章で述べたように、現在、情報を運ぶ媒体であるメディアは大きく変化しています。現在の高度情報通信社会は、従来からのマスメディアに加えて、誰もが情報を収集したり、発信したりできる場としてインターネットを利用しています。このように膨大な情報の海の只中で、情報に溺れずに、自分の進むべき道を見いだしていくためには情報を適切に活用していく力、「メディア・リテラシー」を身につけることが大切です。情報を読み取り、発信し、主体的に行動できる能力、メディア・リテラシーを鍛えていきましょう。

● 「メディア・リテラシー」の定義

社会の発展とともに、「情報」の価値が高まり、情報を伝える媒体である「メディア」が多様化しているのが、現在の社会の特徴です。新聞、出版、テレビなどの従来のマスメディアに加え、インターネットを使ったサービスから日々、情報が作られ、発信されています。

こうした時代には、情報を読み取り、発信する新たな能力が求められます。そうした能力を、**メディア・リテラシー**と呼びます。現代社会に生きていくために必要な能力です。

そもそも「リテラシー」とは、読む、書く、計算するといった、社会生活を営む上で必要な能力です。日本であれば、小学校、中学校の義務教育でこれらを学び、身に付けます。現在の情報通信社会では、「読む」媒体は書籍や雑誌だけでなく、Webサイトやメール、SNSのメッセージが含まれます。また、「書く」際も、それらでのメッセージや投稿を書くことが多いでしょう。さらに、インターネットのサイトから得られるさまざまなデータを計算して、分析する能力も必要です。したがって、メディアを幅広く捉えることが重要なのです。

「メディア」を付けた「メディア・リテラシー」は、簡単に定義すると、次のようになります。

> **メディア・リテラシーの定義**
>
> メディア・リテラシーとは、社会のおけるメディアの役割を理解し、多様な形態のメディアにアクセスし、批判的に思考・分析し、創造的に自己表現する能力。この能力は、社会の仕組みを知り、他者と対話し、行動するために必須となる。

● 「メディア・リテラシー」教育の必要性

20世紀に起こった戦争では、それぞれの国の政府が情報統制をすることで、一般市民を巻き込み、大きな悲劇を生み出しました。民主主義の社会で

は、国が伝える情報を鵜呑みにするのではなく、批判的精神で、主体的に考え、行動することが重要です。

　さらに、1960年代から情報化時代が幕を開け、1970年代にはメディアが多様化していく中で、イギリス、カナダ、アメリカでメディア教育がなされるようになりました。

　日本でも戦争中は、軍による情報統制がなされ、一般の人々は国が発表することには反論したり、逆らったりすることができませんでした。太平洋戦争の終結後、こうした情報統制はなくなり、人々の価値観が大きく変わりました。また、戦後の復興とともに、テレビの登場などによって情報があふれる世の中になっていきました。急激な変化が起こったため、メディア・リテラシー教育への取り組みが遅れたとも言われています。今では、世代によって日頃、利用しているメディアにばらつきがあり、メディア・リテラシーには差ができています。

　文部科学省では、現在の情報通信社会に合わせ、従来のメディア・リテラシー教育で重視した「読み解く」能力だけでなく、「書く」、「話す・聞く」能力を高めることが重要であることを提言しています。

　小学校でパソコンやタブレットによる電子教科書を使い、プログラミング教育を受ける時代です。それらを使って情報を収集し、どのように読み取り、伝えるべきかを知ることが、主体的に生きる力を育てることにもつながるでしょう。

● テレビの仕組みと見方、考え方

　テレビ、ラジオ、新聞、雑誌といった多くの人に情報を伝える「マスメディア」の中でも、全ての世代に身近なメディアが「テレビ」です。お年寄りから小さな子どもまで、手軽に情報にアクセスできます。

　テレビ放送は公共放送と民間放送の2つに分けられます。公共放送とは日本放送協会（NHK）のことで、1950年（昭和35年）6月1日に設立されました。

　NHKの業務は、「放送法」という法律に基づいています。この法律の第15

条・目的は次のとおりです。

「協会は、公共の福祉のために、あまねく協会は、公共の福祉のために、あまねく日本全国において受信できるように豊かで、かつ、良い放送番組による国内基幹放送を行うとともに、放送及びその受信の進歩発達に必要な業務を行い、あわせて国際放送及び協会国際衛星放送を行うことを目的とする。」

NHKのWebページによると、「放送法は、NHKがその使命を他者、特に政府からの干渉を受けることなく自主的に達成できるよう、基本事項を定めています。」とあり、自主性を保つために受信料制度をとっていることが示されています。

一方、NHK以外の民間放送は、受信料は徴収せず、スポンサー企業からの広告収入で経営しています。放送局として放送をするには、総務省が発行する放送免許が必要です。テレビ放送が始まった1952年（昭和27年）に日本民間放送連盟が設立され、2022年時点で205社が加入しています。

メディアとしてのテレビ番組は、映像と音、画面で情報を伝えます。受け手は、主に家庭に設定したテレビ受信機でそれらを視聴しています。何かをしながらちらちらと見る、あるいは他の局へとチャンネルを変える気まぐれな視聴者を引きとめるには、刺激的な映像や強調したメッセージが有効です。誇張して情報を伝えることもあります。

そうした番組づくりの姿勢が、倫理的に問われるような事柄に発展したことが、これまでに幾度となくありました。1999年（平成11年）にテレビ

● 表1　公共放送と民間放送の比較

	NHK	その他の民間放送局
局数	1局	205局（2022年）
運営	放送法に基づく放送業務	総務省への放送局としての認可
財源	視聴者の受信料、自治体などからの寄付	スポンサー企業からの広告収入
視聴者負担	受信料	無料

朝日の「ニュースステーション」が報じた、所沢市のホウレンソウが農薬ダイオキシンに汚染されているとのニュースもその1つです。あたかもホウレンソウに毒があるかのような映像に、放送後、所沢市だけでなく近隣の野菜が市場から締め出されるなど、農家は大きな打撃を受けました。風評被害を受けたとして農家側はテレビ朝日を提訴。民事事件に発展し、報道された内容には客観的なデータが足りないと指摘されました。最終的には和解していますが、報道のあり方を見直す事件となりました。

　比較的最近では、2021年（令和3年）に、フジテレビが配信する全国ニュースでの世論調査で、データ入力に不正があったことが報告されています。世の中の人々の声を報道するニュース番組でのデータ収集の仕組みやチェックについて、組織的な問題があったことも指摘されています。数字を提示すると、真実のような印象を与えます。事実の一部を提示したり、この事例のようにデータそのものの信頼性が揺らいでいるケースもあることを知っておくことが大切です。

　こうした放送の倫理的な問題を審議する機関としては、**放送倫理・番組向上機構**（BPO）があります。放送倫理と番組の質の向上や、人権や青少年の視聴に対する審議を行う第三者的な機関です。

　ただし、このような機関任せにするのではなく、放送された内容をどう捉えるかは、私たち一人一人が判断していくものです。第2章で説明した、情報の個別性、恣意性があることを理解し、次の点に留意しましょう。

テレビ放送の特徴と見方のポイント

- 映像は文字の情報よりも、受け手に即時に与える影響が大きい
- 番組制作者は、ある意図を持って情報を編集している
- 放送されている内容は、テレビ局が編集した結果である
- センセーショナルな内容ほど、鵜呑みにせずに他の情報も調べてみること

⬤ 情報の伝えられ方と読み取り方

　インターネットで多様な情報を簡単に手にすることができる現在、情報がどのように伝えられているかを見極めることが大切です。

　たとえば、「ニュース」を伝えるサイトは、多様に用意されています。NHKのような公共放送局ではサイト以外に「NHKニュース・防災」アプリをスマートフォン用に提供しています。ニュースや天気予報のほか、「災害情報」をいち早く提供しています。全国に拠点を持ち、取材をしたニュースを発信しているので、ある程度の信頼性があると考えてよいでしょう。

　災害が起きたときに、現地にいる人の情報が刻一刻とツイートされ、最新の情報を知ることができるのは、TwitterやInstagramの良い点です。写真や動画と共に発信されることが多いので臨場感もあります。しかし、すべてのアカウントが正しい情報を発信しているとは限りません。実際の出来事とは異なる写真や動画が投稿され、それが拡散されていることもあります。インパクトのある画像や動画ほど、多くの人に拡散されます。情報の真偽がわからないときは、拡散しないように留意しましょう。偽の情報を流すつもりはなくても、いつのまにか「**フェイクニュース**」の発信に加担している場合があるからです。

情報の取り方のポイント

- 発信源はどこ（誰）なのか
- 発信源は、信頼に値する組織や人なのか
- 情報の内容に根拠が示されているか
- 裏付けとなるデータはあるのか

　また、情報を信頼するかどうかは、本人が持っている情報や判断材料によって左右されます。

　国際大学グローバル・コミュニケーション・センターでは、2020年9月2

日〜9月6日に、15歳から69歳の男女5,991名へ、インターネットを使った アンケート調査をし、調査研究レポート「フェイクニュース―withコロナ時 代の情報環境と社会的対処―」を発表しました。レポートによると、合計20 件のフェイクニュースについて、全体の51.7%の人が20件中1件以上のフェ イクニュースに接触していると回答しています。

　さらに、フェイクニュースを偽情報と気づいていない人の割合は、政治 のニュースについては、全年代において8割を超えるとの結果が出ていま す。比較的情報ソースが多い新型コロナ感染症に関する情報を偽情報と気づ いていない人の割合に比べて、2倍の高さでした。

　私たちの社会の根幹を支える政治について、正しい情報を得る力、リテ ラシーを持つことは、今後の社会のあり方を左右する重要事項といえるで しょう。

　現在の出来事を知ったり、学んだりすることができるメディアとして、

■図1　フェイクニュースを偽情報と気付いていない人の割合

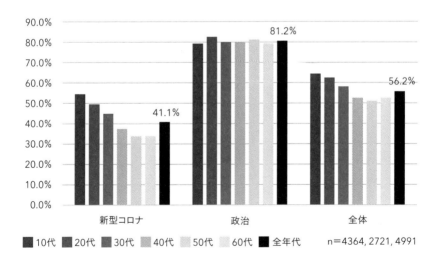

国際大学グローバル・コミュニケーション・センター　Innovation Nippon 調査研究報告書をもとに作成
https://www.glocom.ac.jp/wp-content/uploads/2021/06/2020IN_report_full.pdf

YouTubeが世界中で活用されています。無料のものも多く、手軽に見ることができるのが便利な点です。また、Youtuber（ユーチューバー）と呼ばれる情報発信者は、何万人もの登録者がいて、新しい職業のひとつにもなっています。

　動画を撮影して、YouTubeに登録して公開すれば、誰もが発信者になることができます。多くの人に閲覧されれば、閲覧回数によってお金が支払われるのも魅力です。しかし、より多くの閲覧数を稼ぐために、過激なことをしたり、主観的でエキセントリックな意見を発信したりしているケースもあります。また、本人にとっては事実でも、個人的な経験に過ぎない場合もあります。サプリや化粧品など製品やサービスの宣伝をするために、お金を払って投稿してもらっているのに、ユーザーとして良いものを紹介しているような動画を発信している場合もあります。

　何のためにその情報が発信されているのかを考え、確信がもてない場合は、それらの情報を拡散しないように注意しましょう。

■図2　記事の構造

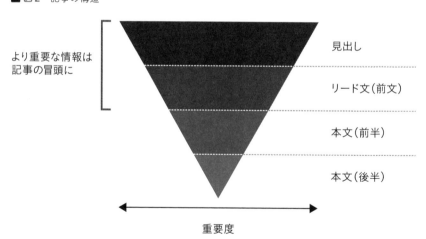

日経の活用方法／読み方
https://www.nikkei4946.com/howtouse/howtoread/

スマートフォンで読める短い記事を、タイムリーに読むことだけでなく、プロの記者が書いた記事をじっくりと読むこともリテラシーを高めることにつながります。経済の専門紙、日本経済新聞では、「日経活用方法／読み方」で記事の読み方を解説しています。新聞記事は、図2のように逆三角形で構成されています。最初に結論、重要な情報があります。物語のような起承転結ではないので、最初の方だけを読めば、おおよその概要がつかめるようになっているのです。

　こうした構造を知り、自分の知識を増やすために、読み方を工夫してみましょう。関心がある分野の記事についてはじっくりと読むことで、事実を提示しながら情報を組み立てる、情報の伝え方の参考にもなるでしょう。

● 広告の動向、新しい動き

　テレビ、新聞、雑誌に入っている**広告**も、情報を伝えるメディアの1つです。企業が自社の製品やサービスを伝える手段として、広告が活用されます。ただし、企業が直接、放送局や新聞社に広告を出しているのではなく、「広告代理店」が仲介しています。

　たとえば、新しいシャンプーを広告するにあたって、その商品にふさわしいメディアはどこか、どのような広告を出すのかといったアイデアの提供から、広告物の制作までを請け負います。

　日本の広告代理店の大手は電通、博報堂の2社です。多様な業種の広告を手がけるだけでなく、スポーツの大きな大会でのスポンサーに関する幅広い業務や、企業の謝罪会見の方法や内容をアドバイスするクライシス対応などにも仕事の範囲を広げています。

　広告費は企業の業績に比例します。業績が良く、さらに売上げを伸ばしたい企業は、広告を多く出して多数の人に購入してもらう機会を作ります。

　広告は経済の動き、景気にも大きく影響されます。電通が2022年（令和4年）に発表した「2021年 日本の広告費」によると、2021年の日本の総広告費は、2020年から続く新型コロナウイルス感染症拡大の影響によって減っ

■図3　日本の総広告費の推移

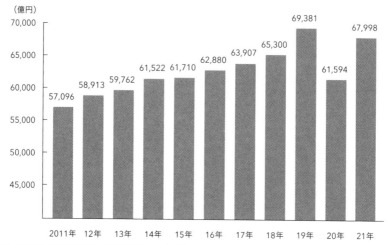

電通　2021年 日本の広告費／媒体別広告費より引用
https://www.dentsu.co.jp/news/release/2022/0224-010496.html

■図4　2019～2021年の媒体別広告費推移

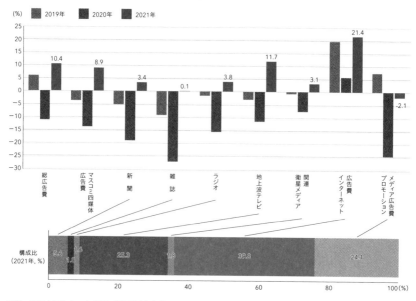

電通　2021年日本の広告費／媒体別広告費より引用
https://www.dentsu.co.jp/knowledge/ad_cost/2021/media.html

ていた広告が盛り返し、インターネット広告費の成長に支えられ、前年比110.4%、6兆7,998億円となっています。

　図4の媒体別広告費の推移をみると、特に成長が著しいのがインターネット広告費で、前年比121.4%、通年で2兆7,052億円に成長しています。

　ネット広告費のうち媒体費は、122.8％の伸びで、2兆1,571億円に達しています。地上波のテレビを凌駕する勢いで利用者を増やしているのが、インターネットにつないで視聴する「**コネクテッドTV**」です。マス（大衆）をターゲットにした地上波テレビと違って、視聴者の趣味や好みに合わせた番組に広告を出せることが魅力として、より大きな広告市場となることが期待されています。

　広告の表示の仕方にも、インターネットの技術が使われるようになっています。「**デジタルサイネージ**」と呼ばれるもので、インターネットに接続されたパネルに、広告を表示します。駅や電車の中、お店やレストランなどで利用が増えています。デジタルサイネージのメリットは、曜日や時間帯に合わせて、表示する内容を変えられることです。平日の朝ならば出勤中のビジネスパーソン向け、休日の昼間ならば家族に向けたお店やサービスの広告と、シーンに合わせて表示できます。

● インターネットが変えるニュース

　新聞のような既存のマスメディアから、インターネットへとメディアの勢力図が大きく変わりつつあります。新聞社もこうした変化に対応しようと、自社のWebページでニュースを提供したり、電子版を発行したりしていますが、購読者を多くつかんでいるとは言えません。有料の電子版よりは、無料のニュースで事足りると考える人が多いからです。

　複数のニュースソースからの記事を見られるのも、ネットならではのメリットです。Yahoo! JAPANの「ニュース」は、ヤフーが集めて作成した記事ではなく、通信社や新聞社から提供されたものです。

　また、スマートフォン用では、より個人の好みに合わせたニュースをす

ぐに見られるサービスも登場しています。「スマートニュース」は、1分間でニュースをさっと見られると説明しているように、話題になっているニュースを、スマホ画面に見やすい形で表示します。関心のあるカテゴリーで並べ替えたり、画面に通知する頻度を変えたりするカスタマイズ機能も充実しています。また、レストランの特定のメニューをお得に食べられる「クーポン」のタブを付けるなどして、生活の中でニュースの画面を開かせるような工夫もしています。

◯ メディア・リテラシーを高めるには

　何千万人もが同じ紙面を読むマスメディアから、個々の好みでニュースにアクセスする時代になっています。また、ブログやTwitter、Instagram、Facebookで口コミの情報を得ることも多いでしょう。そんな口コミ情報の中には、「ステマ（ステルスマーケティング）」という、企業からお金をもらっているのに、あたかも自分が好んでおすすめしているかのような投稿もあります。また、世論誘導を目的に、虚偽のニュースであるフェイクニュー

■図5　インターネットにつながっている広告、デジタルサイネージ

スを使う動きも世界中であります。

　このようなネットの時代で、メディア・リテラシーを高めるには、「クリティカル」な読み方を身につけることが大切です。クリティカルとは、批判的なという意味だけではなく、背景や文脈を理解して、適切に読むことも含まれます。

　メディア・リテラシー教育が進んでいるイギリスの研究者マスターマンは、「クリティカルに読むことは、創造性を高め、多様な形態でコミュニケーションを作りだすことにつながる」と述べています。

　メディア・リテラシーは、情報を収集して読むだけではなく、発信する力も含まれます。インターネットでは、誰もが発言できます。他の人に役立ち、社会を豊かにするような、発言力も高めたいものです。より良く読み、自分らしく、そして人とつながっていくような情報発信力を付けていきましょう。

メディア・リテラシーを高めるためのポイント

- 情報の発信元はどこかを見極める
- 情報の発信者の信頼性を調べる
- 複数の情報源で調べて比較する
- 正確で役立つ情報を発信するよう心がける
- 文章、映像で情報を発信し、読み手にどう受け取られたかを意識する
- 間違った場合は訂正する勇気を持つ

■ 図6 Yahoo! JAPANの画面。さまざまなニュースソースから集められたニュースの見出しが表示されている

・ ジャンル別にニュースが
  分けられているほか、
  新着ニュースが常に
  上に表示される

・ 最新の
  ニュースを
  さっと
  見渡せる

■ 図7 スマートニュースの画面

参考文献、Webサイト

- 『ICTメディアリテラシー』総務省
  https://www.soumu.go.jp/main_sosiki/joho_tsusin/kyouiku_joho-ka/media_literacy.html
  | 検索・安全な利用、コミュニケーション、ネットでの買い物などICTを利用する上での
  | リテラシーを学ぶための教材が提供されています。これまでの研究報告書などもまと
  | まっています。

- 『放送分野におけるメディアリテラシー』総務省
  https://www.soumu.go.jp/main_sosiki/joho_tsusin/top/hoso/kyouzai.html
  | 小学生から中学生までのメディアリテラシー教育に使える教材や動画が提供されています。

- 『フェイクニュースを見抜くには』NHK for School
  https://www2.nhk.or.jp/school/movie/clip.cgi?das_id=D0005320410_00000
  | フェイクニュースの見分け方を、ネットの記事や動向を監視している専門会社の人に取
  | 材して、動画で紹介しています。

- Knowledge & Data（ナレッジ＆データ）『日本の広告費』電通
  https://www.dentsu.co.jp/knowledge/ad_cost/
  | 日本の広告費の推移に関するレポートを毎年発行しています。

- 日経をよく読むためのナビサイト『Nikkei4946.com』
  https://www.nikkei4946.com/howtouse/howtoread/
  | 新聞の記事の構造と、効率よく情報を取り入れるための読み方を知ることができます。

5

情報技術とセキュリティ

この章では、インターネットを利用するときに知っておきたい、情報セキュリティについて取り上げます。インターネットにはどのような脅威があるのか、それは何故なのか、防ぐには何に気をつけたらよいのかを理解しておきましょう。適切なセキュリティ対策をしなかったばかりに、大切な情報を失ってしまう、ウイルスや迷惑メールを友人や知人に送り付けてしまうといった事態につながります。情報セキュリティについて知識を持ち、正しく実行していくことが大切です。パソコンやスマートフォンでネットを使うなら、セキュリティ対策をすることは利用者の責任だと捉え、実践していきましょう。

何故、インターネットには危険があるのか?

　今や世界中の人々が利用しているインターネットですが、その便利さの反面、危険や犯罪も増加しています。それが何故なのかは、インターネットの成り立ちや特徴と結びついています。第2章でも述べたように、インターネットは「自律、分散、協調」の精神で世界に広がったコンピューターネットワークです。中心がなく、どこかの誰かが代表になって管理しているものではありません。インターネットにつながるコンピューターの管理者、それぞれに任されています。従って、セキュリティに関してルーズだったり、悪意をもって人を騙したりする人もいることを理解しておきましょう。

　つまりインターネットには弱い部分があります。このようにシステムやソフトウェアに存在する弱点のことを、「**脆弱性**(ぜいじゃくせい)」と呼びます。システムやソフトウェアに関して見つかった弱点は、「**セキュリティホール**」とも呼びます。このセキュリティホールから、不正にアクセスしたり、コンピューターウイルスに感染させたりするのです。家の扉や窓ガラスに穴が空いていたら、そこから侵入され、金品を盗み出す人がいるように、ソフトウェアのセキュリティホールからこっそりとコンピューターに侵入して、情報を盗み出そうとする人がいます。

　どんなに優れた人々が開発したとしても、システムやソフトウェアは人間が作り出すものですから、脆弱性をなくすことはできません。脆弱性があることを前提として、情報資産を守るための対策をすることが重要です。

外部と内部の両方にある脅威

　私たちが持っているシステム、情報資産と呼ぶものには、次のようなものがあります。

- コンピューターや周辺機器、記憶媒体などのハードウェア
- システムやソフトウェア

- ネットワーク
- データ
- ノウハウ

　これらの情報資産を脅かすものとしては、大きく分けると外部からの脅威と内部からの脅威の2つがあります。

　情報処理推進機構では、情報セキュリティに関する動向や教材となるような動画などをサイトで提供しています。情報セキュリティの脅威については、毎年、個人と組織に分けて、どのような脅威が目立ったのか、1位から10位までを発表しています。表1は、2022年に発表された情報セキュリティ10大脅威です。個人ではフィッシングによる個人情報等の詐欺が、組織ではランサムウェアによる被害が1位となっています。個人では幅広い年代の人がネットを利用するようになった今、個人情報を不正に取得して悪用される脅威が高まっているということです。また、組織には、企業・政府機関・公共団体などが含まれます。組織の第1位のランサムウェアに感染する

■図1　情報資産に対する脅威

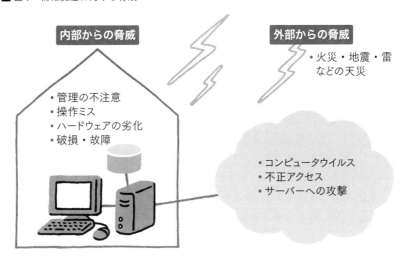

● 表1 情報セキュリティ10大脅威 2019

順位	個人	組織
1	フィッシングによる個人情報等の詐取	ランサムウェアによる被害
2	ネット上の誹謗・中傷・デマ	標的型攻撃による機密情報の窃取
3	メールやSMS等を使った脅迫・詐欺の手口による金銭要求	サプライチェーンの弱点を悪用した攻撃
4	クレジットカード情報の不正利用	テレワーク等のニューノーマルな働き方を狙った攻撃
5	スマホ決済の不正利用	内部不正による情報漏えい
6	偽警告によるインターネット詐欺	脆弱性対策情報の公開に伴う悪用増加
7	不正アプリによるスマートフォン利用者への被害	修正プログラムの公開前を狙う攻撃（ゼロデイ攻撃）
8	インターネット上のサービスからの個人情報の窃取	ビジネスメール詐欺による金銭被害
9	インターネットバンキングの不正利用	予期せぬIT基盤の障害に伴う業務停止
10	インターネット上のサービスへの不正ログイン	不注意による情報漏えい等の被害

IPA 情報セキュリティサイトより引用して作成
https://www.ipa.go.jp/security/vuln/10threats2022.html

と、画面がロックされたり、データが読み込めなくなったりし、復旧するための金銭を要求してきます。要求される金銭だけでなく、業務にパソコンやデータが活用できなくなり、組織の活動が停止することも大きなダメージとなります。

◉ 外部からの脅威、ウイルス

外部からの脅威の1つ、**コンピューターウイルス**とは、他のファイルやプログラムに入って、不正な行為を行う、悪意のあるプログラムです。「ウイルス」の名前のとおり、まるで病原菌のように複数のコンピューターに感染が広がっていきます。自然界のウイルスと異なるのは、コンピューターウイル

スは人間が作っていること。日々、新しいコンピューターウイルスが作ら
れ、インターネットに放出されています。

　コンピューターウイルスに感染しないように予防する有効な手立ては、
「**セキュリティソフト**」や「**ウイルス対策ソフト**」と呼ばれるセキュリティソフト
をコンピューターに導入することです。企業や大学で利用しているパソコン
はもとより、個人で使うパソコンでも、ウイルス対策ソフトを正しく使うこ
とが重要です。次の3点を守ります。

ウイルス対策ソフトの正しい使い方

- 最新版のソフトを利用すること
- 更新プログラムを適用すること
- 常に起動した状態にしておくこと

　1つ目の「最新版を使うこと」は、古いウイルス対策ソフトをそのまま
使っていると、最新の脅威に対応できないことがあるためです。パソコンを
購入したときに入っているソフトをバージョンアップしないで使い続けてい
る人は要注意です。

　2つ目の「更新プログラム」とは、新しいウイルスが発見されたときに、そ
のウイルスを検知し、駆除するワクチンのようなものです。この更新プログ
ラムを適用しないと、新しいウイルスに感染してしまうかもしれません。画
面に更新プログラムがあることが表示されたら、指示に従って適用します。

　3つ目の常に起動した状態にしておくことは、ソフトを働かせるために必
須です。ウイルス対策ソフトをインストールしていても、起動していなかっ
たら役には立ちません。通常は、インストールすると常に起動した状態に
なっています。何かのタイミングで終了して、そのままの状態で使っている
場合もあります。正常に起動している状態かを確かめておきましょう。

不正アクセスに備える

　本来、そのコンピューターの利用権限を持っていない人が、コンピューターにアクセスして利用することを「**不正アクセス**」と呼びます。

　不正アクセスに備えるには、防火壁という意味の「*ファイアウォール*」をコンピューターシステムで設定しておきます。Windowsなどの基本ソフトのセキュリティ機能として用意されているファイアウォールの設定は有効にしておきましょう。

　また、アカウントやパスワードを不正に入手して、外部からなりすましてアクセスする犯罪にも注意しましょう。キーボードから入力した情報を記録する「**キーロガー**」という技術を悪用して、アカウントやIDの入力記録を盗み出すウイルスも存在します。

サーバー攻撃の踏み台にならない

　外部からの攻撃の事例でこの数年増えているのが、サーバー攻撃です。特定のサーバーに、多数のパソコンから同時に大量のデータを送信して負荷をかけ、サーバーの処理を遅くさせたり、機能停止に追い込んだりするものです。**DoS攻撃**、**DDoS攻撃**とも呼ばれます。このサーバー攻撃が巧妙なのは、データを送りつける役目を第三者のパソコンにさせることです。攻撃を行う標的などの情報を仕込んだコードを持ったウイルスをばらまき、感染したパソコンからデータを送信させます。そうした踏み台にならないためにも、ウイルスに感染しないよう、ウイルス対策ソフトを正しく利用しましょう。

天災にも備える

　地震や浸水、落雷などの自然災害によるハードウェアの被害も、情報資産の外部からの脅威に含まれます。2011年（平成23年）の東日本大震災でも、多くの企業や学校、個人のコンピューターが被害を受けました。台風による浸水や土砂崩れなどの自然災害も近年増えています。コンピューターやハー

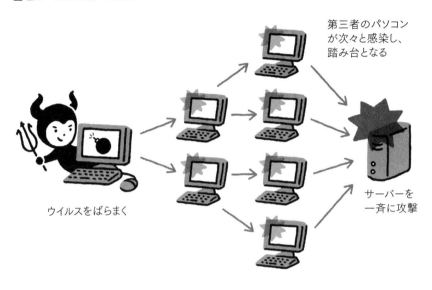

第三者のパソコン
が次々と感染し、
踏み台となる

ウイルスをばらまく

サーバーを
一斉に攻撃

■ 図3　システムやデータを守るために二重化、バックアップをとる

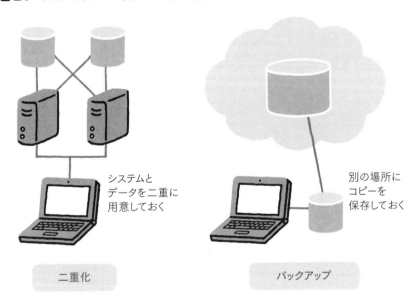

システムと
データを二重に
用意しておく

別の場所に
コピーを
保存しておく

二重化

バックアップ

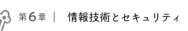
ドディスクなどのハードウェアは代わりを用意できても、システムやデータが消失してしまったら、すぐには復旧できません。そこで図3のように、システムやデータを二重化しておき、万一の場合に切り替えて利用できるようにしておくのも、対策の1つです。また、データを別の場所にコピーしておく「**バックアップ**」は、個人でも情報を守るためにしておきたいことの1つです。「別の場所にコピー」することがポイントで、パソコン内のハードディスクとクラウドコンピューティングサービスのディスクというように、一方が駄目になっても、別の場所から復旧できるようにしておきます。

◉ 内部からの脅威にも留意する

　情報資産への脅威は、外からだけでなく、内部からも生じます。管理の不注意や操作のミスは、人が引き起こす脅威。パソコンを使う人へのルールの徹底、教育や啓蒙が重要です。操作のミスは、システムの設計である程度は防ぐようになっています。たとえば、ワープロソフトや表計算ソフトでは、作成したファイルを保存せずに閉じようとすると、「保存しますか？」とメッセージが表示されます。これはうっかり閉じてしまい、作成中のデータが失われることを防いでいます。このようなソフトとしての工夫があっても、人間は誰しもがミスをするもの。必要なデータを間違って上書きしてしまうこともあるでしょう。うっかりミスがあっても、データを守るためにバックアップを取っておくというわけです。

　さらに、コンピューターや周辺機器のトラブルや故障も想定しておきます。そうしたときのために企業では保険をかけておくこともあります。個人向けには、メーカーの保証の1年を超えて、販売店が有料で提供している補償サービスに入っておくのも、いざというときの負担を減らすための方法です。

　組織なら、万一の際にどのような対策をとるか、対応マニュアルを用意しておくのもよいでしょう。どのように状況を調べ、誰が決定をするのかといった指揮系統を整理しておくと、いざというときに速やかに対応できます。

● 自分のパソコンを守るためにしておくべきこと

　情報資産を守る、セキュリティの考え方を理解し、実践するためにも、次のことを実践します。

> パソコンを守るために
>
> ・アカウントとパスワードを設定し、正しく使う
> ・OSやプログラムを常に最新の状態に保つ
> ・ウイルス対策ソフトを正しく利用する

　パソコンのアカウントは、自分だけが使うパソコンであっても、きちんと設定しておきます。中には自分の情報が入っているのですから、誰かに覗かれることがないよう、鍵をかけておくというわけです。

　パスワードの付け方、管理の仕方は、セキュリティ対策の基本です。基

■図4　パスワードの設定、管理の基本

● 推測されやすいものにしない
● 1つのパスワードを使い回さない
● 定期的に変更する

悪いパスワードの例

> 住所の数字や好きなもの、
> アーティストの名前なども
> 推測されやすいから注意しよう！

taro	…………… 名前を使っている
200306051	……… 誕生日を使っている
taro0605	………… 名前と誕生日の組み合わせ

良いパスワードの付け方

| xm28hjna | ……… 英字と数字の組み合わせで8文字以上 |

本をしっかりしておくことが、情報を守ります。図4を参考にして、パスワードを守りましょう。人に見られないノートなどに記録しておき、定期的に変更します。

OSやプログラムを最新の状態に保つには、更新をします。更新することで、見つかったセキュリティホールをふさぐことができます。Windowsなら自動更新が設定されています。時々、更新の確認が表示されますから、更新プログラムを使って更新しましょう。Windows7は、2020年1月14日で、Microsoftの延長サポートが終了しました。終了後は、更新プログラムが提供されず、セキュリティのリスクが高くなると予想されています。ウイルスに感染したパソコンで作成したデータファイルを別のパソコンで使うと、知らないうちに感染を広げる危険性があります。自宅やアルバイト先のパソコンを利用するときには、パソコンのOSやウィルス対策ソフトの状況についても確認しておきましょう。アプリケーションソフトについても同様です。

● 情報を守るための仕組み「暗号化」と暗号を解く「鍵」

インターネットでは、情報を安全に送受信するために、「**暗号化**」技術を利用しています。たとえば、住所や氏名、生年月日といった個人情報は、そのまま送信すると、情報を抜き取られたときに悪用される危険があります。そのため暗号化して、読み取れない状態で送ります。受信者側は、「**復号**」と呼ぶ、元に戻すための技術を使って内容を読み取ります。

改ざんやなりすましを防ぐために使われている、暗号化や復号するための処理手順（アルゴリズム）のひとつに、公開鍵と秘密鍵があります。文書を復号するための公開鍵と電子証明証の発行を、認証局に申請し、公開鍵の電子証明書を発行してもらいます。元の文書と暗号化された文書、電子証明書が出来たら送信します。受信者は送付されてきた電子証明書が正しいのか、有効性を認証局に照合します。有効であることが証明されたら、送られてきた電子証明書の公開鍵を使って復号します。さらに元の文書とつきあわせて、改ざんされていないことを確認します。

このように電子化された文書を安全に送受信するための暗号化と復号の仕組みとを「公開鍵認証基盤（PKI：Public Key Infrastructure）」と呼びます。組織の機密文書のやり取りに活用されています。

行政の手続きをインターネットで安全に行うための仕組みには、「公的個人認証サービス（JPKI）」があります。ここで発行されたパスワードを使って、本人認証を安全に行います。

インターネットやメールを利用するときのセキュリティ対策としてすべきこと

インターネットやメールを使うときのセキュリティ対策として、次のことも守りましょう。ウイルスはソフトウェアに潜んでいたり、メールに添付されたファイルやリンクした先のWebページから入り込んだりすることが多いのです。関心を引こうとするリンクや、問い合わせしなくはならないような気持ちにさせるメールにも、返信するのは禁物です。返信することで、メールアドレスを収集し、罠に嵌めようと狙っているからです。

■ 図5　公開鍵認証基盤（PKI）の仕組み

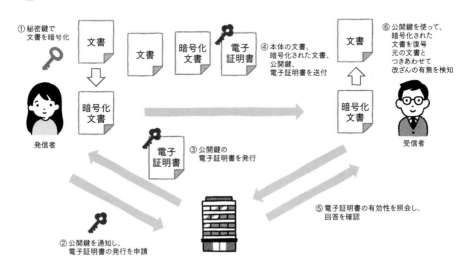

①秘密鍵で文書を暗号化

文書 → 暗号化文書

発信者

文書　暗号化文書　電子証明書

④本体の文書、暗号化された文書、公開鍵、電子証明書を送付

暗号化文書

電子証明書

③公開鍵の電子証明書を発行

②公開鍵を通知し、電子証明書の発行を申請

⑤電子証明書の有効性を照会し、回答を確認

文書

⑥公開鍵を使って、暗号化された文書を復号元の文書とつきあわせて改ざんの有無を検知

暗号化文書

受信者

6

93

インターネットを利用するときに守ること

- ブラウザのセキュリティ設定をする
- 怪しいWebサイトからダウンロードしない
- 掲示板やSNSに軽率に書き込まない

メールを利用するときに守ること

- メールソフトやWebメールのセキュリティ設定をする
- 添付ファイルの扱いに注意する
- 拡張子を表示して、ファイルをすべて表示させ、怪しいファイルを見分ける

スマートフォンでもセキュリティを意識しよう

スマートフォンには、個人情報や多くの画像、友だちの連絡先など、さまざまな情報資産が入っています。そのために、スマートフォンを狙ったコンピューターウイルスも増えています。スマートフォンは、小さなパソコンのようなもの。パソコンと同じように、セキュリティ対策を意識づけましょう。次のような点を守って使いましょう。

1. スマートフォンのOSをアップデートする

iPhoneはiOS、それ以外のほとんどはAndroidというOSが使われています。更新のお知らせがきたら、画面に従って更新しましょう。セキュリティホールをふさぐ更新も含まれていることが多いです。

2. アプリのダウンロードは信頼できる場所から

iPhoneはApp Store、AndroidのスマホはGoogle Playストアといった信頼できる場所から、アプリをダウンロードします。リンクから誘導された

Webサイトからはダウンロードしないようにします。

3. Android のアプリではインストール前に、アクセス許可の説明を確認する

　アプリによっては、スマートフォンに入っている画像や電話帳のデータにアクセス許可を求めてくるものがあります。不自然なアクセス許可の内容など、怪しいと思ったらアプリのインストールをやめましょう。

4. セキュリティソフトを正しく使う

　スマートフォン用のセキュリティソフトが、携帯電話会社やウイルス対策ソフト会社から提供されています。スマートフォンの情報を守るために利用しましょう。ウイルス感染も予防できます。

■図6　迷惑フォルダに入ったメールの例

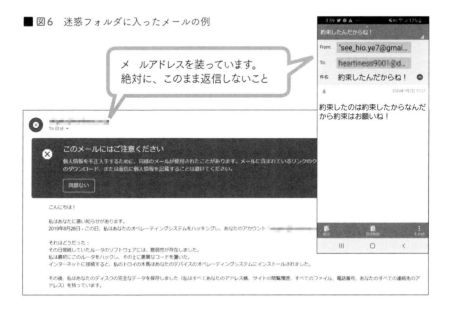

メールアドレスを装っています。
絶対に、このまま返信しないこと

参考文献、Webサイト

- 『情報セキュリティ』情報処理推進機構（IPA）
  https://www.ipa.go.jp/security/

  IPAが提供している情報セキュリティのページです。最新の情報セキュリティに関する
  お知らせや情報セキュリティ白書、相談窓口など各種の情報に、ここからアクセスでき
  ます。

- 『ここからセキュリティ』総務省
  https://www.ipa.go.jp/security/kokokara/

  関係省庁やウイルス対策ソフト会社などが提供する、セキュリティに関する情報をまと
  めたポータル（玄関口）webサイトです。セキュリティに関する情報を効率よく探すこ
  とができます。

- 『国民のための情報セキュリティサイト』総務省
  https://www.soumu.go.jp/main_sosiki/joho_tsusin/security/

  知っておきたい情報セキュリティの基礎知識、個人と企業・組織を対象にしてた情報セ
  キュリティの対策やガイドラインをすることができます。

- 『公的個人認証サービスポータルサイト』地方公共団体情報システム機構
  https://www.jpki.go.jp/

  マイナンバーカードでも利用している行政サービスをネットで行うための公的個人認証
  サービスの解説や、電子証明書を使うための手順が提供されています。

第 7 章

インターネットと犯罪

インターネットが社会生活になくてはならないものになり、経済活動や市民生活で使われるようになって、他人を騙して金品を得たり、情報を不正に入手したりとインターネットを利用した犯罪が年々増加しています。コンピューターネットワークを利用したどのような犯罪があるのか、また、それらを防止するために作られている法律についても学びましょう。加えて、世界中につながっているインターネットだからこその、国を超えたサイバーテロの脅威についても知っておきましょう。

減少しないサイバー犯罪

コンピューターネットワークを悪用した犯罪の総称を「**サイバー犯罪**」と呼んでいます。このサイバー犯罪、インターネットを利用する人の増加に伴って、年々、増加傾向にあります。警視庁が発表している「令和3年におけるサイバー空間をめぐる脅威の情勢等について」によると、2021年（令和3年）中のサイバー犯罪の検挙件数は、過去最多の1万2200件となりました。第6章で説明した「情報セキュリティ　10大脅威」の組織における第1位となったランサムウェアによる被害をはじめ、不正アクセスによる情報流出などの被害が報告されています。

このサイバー犯罪は、次の3つに分類されています。

- 不正アクセス禁止法違反
- コンピュータ・電磁的記録対象犯罪
- その他

「不正アクセス禁止法違反」の「**不正アクセス禁止法**」とは、不正アクセス行為や、不正アクセス行為につながる識別符号の不正取得・保管行為、不正アクセス行為を助長する行為等を禁止する法律のことです。これは1999年（平成11年）に施行された「不正アクセス行為の禁止等に関する法律」に基づくもので、昨今のIDとパスワードの不正な流通など悪質化する犯罪に対して、取り締まり対策を強化する目的で2013年（平成25年）にも一部、改正されています。

改正前は、「不正アクセス行為を行った者の法定刑は1年以下の懲役又は50万円以下の罰金」とされていましたが、改正法により「3年以下の懲役又は100万円以下の罰金」と法定刑が引き上げられています。

2021年（令和3年）中の不正アクセス禁止法違反の検挙件数は429件と前年から減少しています。この件数のうち92.8％を占めるのが識別符号窃盗型

の犯罪で、利用者の識別符号（パスワード）を、不正に入手しています。

「コンピュータ・電磁的記録対象犯罪」とは、コンピュータやサイトのデータを無断で書き換えたり、インターネットを利用して不正なプログラムを送

7

■図1　2021年サイバー犯罪検挙数

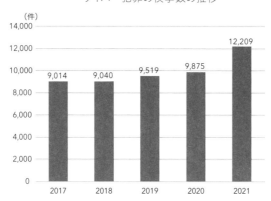

サイバー犯罪の検挙数の推移

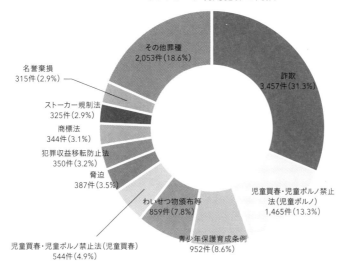

ネットワーク利用犯罪の内訳

出典：警視庁広報資料「令和3年におけるサイバー空間をめぐる脅威の情勢等について」
https://www.npa.go.jp/publications/statistics/cybersecurity/data/R03_cyber_jousei.pdf

り込み、データを書き換えたり、消去する犯罪です。2021年（令和3年）の検挙例では、かつての勤務先のサーバーに不正アクセスして不正なプログラムを入れ、従業員のパソコンのデータを消去した事例があります。この法律もコンピューターウイルスの増加に対応して2011年（平成23年）に改正され、3年以下の懲役又は50万円以下の罰金が課せられるようになっています。

　そして、ネットワーク犯罪の中で、もっとも多いのが、「その他」の分類です。2021年（令和3年中）の検挙数は、合計で1万1051件にのぼります。最も多いのが詐欺で3457件と約3割を占めています。その他多いのは、児童買春・児童ポルノ禁止法（児童ポルノ）、青少年保護育成条例、児童買春・児童ポルノ禁止法（児童買春）などとなっています。インターネットが児童や青少年を犯罪に巻き込む場となっていることは、情報通信社会を健全に発展させていくための大きな課題と言えるでしょう。

◉ ウイルスだけではない不正プログラムの被害

　コンピューターに侵入して不正な行いをするのは、コンピューターウイルスだけではありません。スパイウェアやボット、ランサムウェアと呼ばれるものもあり、悪質なプログラムを総称して「**マルウェア**」と呼びます。マルウェアは日々、新たに開発され、より悪質化、巧妙化しています。

　第6章で紹介した「情報セキュリティ10大脅威　2022」で、組織に対する脅威の2位と8位になっている「標的型攻撃による被害」、「ビジネスメール詐欺による被害」では、特定の組織を狙い、時間をかけて準備をして、あたかも業務に関する内容だと信用させるようなメールやファイルを送りつけてくる手口が増えています。どのような攻撃があるのか、それによってどのような状況が起こるのかを知っておくことが重要です。

◉ 情報をこっそり送り出す「スパイウェア」

　「**スパイウェア**」は、知らないうちにコンピューターにインストールされ、個人情報やアクセス履歴などの情報を収集するプログラムを指します。コン

ピューターウイルスに似ていますが、不正に情報を収集して、第三者に気づかれないうちに送信する点が異なります。まるでスパイのように情報を集め、外部に情報を漏らします。情報漏洩につながる危険なマルウェアです。

　スパイウェアを送り込む手口には、実在の企業名や官公庁からのメールに見せかけ、添付されているファイルを開かせるものがあります。ファイル自体は一見、普通の資料に見えますが、ファイルにスパイウェアが潜んでいて、自動的にインストールされ、そのパソコンの情報を不正に収集します。キーの入力記録を収集する「キーロガー」を使って、ネット銀行の口座番号や暗証番号を盗み出す例もあります。

　また、スマートフォンを狙ったウイルスが増えているのも、最近の特徴です。ウイルスを潜ませたアプリをインストールさせて、その裏側で本人の個人情報や電話帳に登録された友人たちの情報を盗み取っています。盗まれた電話番号宛に勧誘電話や迷惑メールが届くことになります。自分の情報を盗まれるだけでなく、友人たちへ迷惑をかける加害者にもなってしまうことが恐ろしい点です。

● コンピューターを自在に操るボット

　マルウェアの1つ「**ボット**」もコンピューターウイルスの一種です。このウイルスに感染すると、外部からの指示によって、コンピューターを遠隔操作されてしまいます。まるでロボットのように操るというわけです。

　ボットの感染経路としては、プログラムを潜ませたファイルを添付してメールで送りつける、Webページにウイルスを仕込んでおき参照することで感染させる、不正なWebページを参照するようメールにURLを貼り付けておく、パソコンの脆弱性を利用して入り込むなどがあります。

　被害を防ぐには、最新のウイルス対策ソフトを使って、常に更新プログラムを適用してチェックすることや、Windowsアップデートを実行して空いているセキュリティホールをふさぎ、脆弱性に対処しておくことが大切です。

■ 図2 ボットウイルスの仕組み

●「人質」を取り脅迫してくるランサムウェア

　ランサムウェアの「ランサム」とは、「身代金」を表す言葉です。パソコンの画面をロックして使えないようにしたり、パソコンやネットワークで共有しているフォルダやファイルを暗号化して開けないようにしたりし、復旧するには身代金を支払うよう促す脅迫メッセージを表示するソフトウェアです。2022年の「情報セキュリティ　10大脅威」の組織で第1位になったランサムウェアの被害は、警視庁が公開している「令和3年におけるサイバー空間をめぐる脅威の醸成等について」では、ランサムウェアによる被害件数は146件と増加していて、企業や団体の規模や業種を問わず、広い範囲に及んでいます。新型コロナ感染症対策のためのテレワークで、外部から社内のネットワークに接続するVPN接続機器のぜい弱性を狙い、ランサムウェアに感染させる手口が多いと指摘しています。感染したシステムの復旧までに2カ月以上かかった事例や、復旧に5000万円以上の費用がかかった事例も報告されています。また、医療機関で電子カルテなどのシステムがランサムウェア

に感染し、新規患者の受け入れを中止するなど、深刻な事態を引き起こした例もあります。

　ランサムウェアの被害を防ぐには、ウイルス対策ソフトを適切に利用することが重要です。万一、感染したらネットワークの接続から切り離し、被害を拡大しないようにしましょう。また、ランサムウェア対策のサイトを調べ、処理方法を確認しましょう。暗号化されたファイルやフォルダを戻すツールが提供されていることもあります。

● フィッシング詐欺による情報の不正入手

　「**フィッシング詐欺**」とは、金融機関などのメールを装い、偽のWebサイト

■図3　フィッシング詐欺の注意を促す金融機関のWebページ

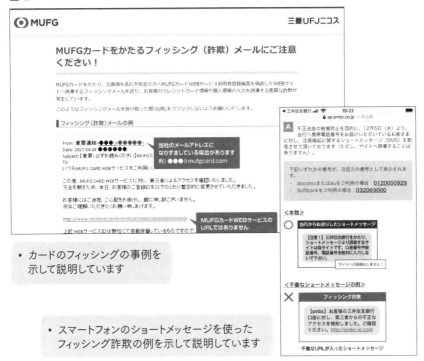

に誘導して、アカウントやパスワード、クレジットカード番号などを入力させ、情報を不正に盗み取る犯罪です。フィッシングの意味は、釣りの「fishing」ではなく、巧妙で洗練されたという意味合いを持つ造語で「phishing」と表記します。

以前は、クレジットカード決済が多い米国に比べて日本では被害が少ないと言われていましたが、ネットバンキングやネットショッピングの普及につれて日本でも増えてきました。2013年11月以降、金融機関をかたるフィッシング詐欺が多発し、銀行でも被害を減らすために、トップ画面に警告を表示し、さらにフィッシング詐欺のメールの例などを紹介されるようになりました。全国銀行協会のサイトでも、金融犯罪の手口としてフィッシング詐欺の手口や対策が紹介されています。こうした説明を日頃から読んでおき、手口を知っておくことが、被害の防止につながります。

◎ インターネット上の違法・有害情報に対する法的対応 「プロバイダ責任制限法」

インターネットの匿名性に隠れて、特定の人を攻撃したり、誹謗中傷を繰り返したりする行為をする人がいます。このような被害者を救済し、表現の自由という重要な権利と利益のバランスに配慮しつつ、プロバイダにおける円滑な対応が取れるようにした法律が、**「プロバイダ責任制限法」**です。

顔の見えない、見ず知らずの人から執拗に攻撃されることは、大きな恐怖があり、実社会への影響も少なくありません。リアリティ番組の出演者が、ネットの誹謗中傷を苦にして自殺に追い込まれたといった悲痛な事件もあります。

2021年（令和3年）に改正法が交付され、2022年（令和4年）10月から施行されている改正法では、SNSや掲示板で誹謗中傷を受けた場合に、加害者の情報開示の手続きが従来に比べて、簡易にかつ迅速に行われるように変わりました。

また、プロバイダ責任制限法ガイドラインが作成され、継続的に見直しが検討されています。

■ 図4　プロバイダ責任制限法　関連情報Webサイト

法律の解説やガイドラインについて解説を読むことができます
https://www.isplaw.jp/

● ソーシャル・エンジニアリングを理解しておく

　フィッシング詐欺のように、巧妙に偽のWebサイトを用意し、あたかも
セキュリティのために情報を登録する必要があるかのように説明して、自分
からアカウントやパスワードを入力させるような詐欺の事例が増えていま
す。技術の観点からだけでは、情報セキュリティを守ることはできず、セ
キュリティについては社会学的な観点や、心理学的なアプローチも重要であ
ると考えられるようになってきました。

　「**ソーシャル・エンジニアリング**」もその1つです。ソーシャル・エンジニア
リングとは、行動を起こさせる行為のことを指します。特に、人を操って情
報を漏らすように仕組む行為で使われることが多い言葉です。「操る」とは、
まるで人形やロボットのように扱うイメージがありますが、多かれ少なかれ
私たちは社会の中で第三者の影響を受けながら生活しています。医療関係

者、教育関係者はソーシャル・エンジニアリング的な要素を活用して患者や学習者を導くことがあり、それが良い結果につながっているわけです。情報セキュリティの分野では、情報の入手やアクセスにソーシャル・エンジニアリングの技術が利用されています。

　セキュリティ分野で職務経験を持ち、ソーシャル・エンジニアリング・フレームワークの開発リーダーであるクリストファー・ハドナジー著の『ソーシャル・エンジニアリング』では、侵入テスターと呼ばれる脆弱性を調べる任務を与えられたプロが、その企業の人が個人の趣味のサイトに残したメッセージを探し出し、それを足がかりに、偽のサイトやメール、電話を巧妙に使い分け、ウイルスを潜ませたWebページに誘導する手口を紹介しています。相手を信用させるようなストーリー展開には、舌を巻いてしまいます。

　今後もこのようなソーシャル・エンジニアリングの手法が詐欺に利用さ

■図5　フィッシング対策協議会のWebサイト
　　　フィッシング詐欺の最新を紹介し、注意を喚起している

https://www.antiphishing.jp/

れるケースは増えることでしょう。同書では、次のような知識や見方をすることが、自分と自分の情報を守ると述べています。

情報資産を守り、セキュリティを高めるために必要な知識や視点

・ソーシャル・エンジニアリング攻撃を察知できるように学習する
・セキュリティに対して意識を高める文化を創る
・狙われている情報の価値を知る

● サイバーテロ対策への取り組み

より規模の大きな被害でかつ、社会的な機能に打撃を与えるような攻撃を、「**サイバーテロ**」と呼びます。

インターネットなどのコンピューターネットワーク上で行われる大規模な破壊活動や大量の会員情報の盗み出しは、サイバーテロの1つだと考えられるようになっています。

また、交通、流通などさまざまな分野で、インターネットは、社会的なインフラストラクチャー（社会基盤）となりつつありますから、攻撃されたらその影響は多大なものになると予想されます。サイバーテロの脅威も日増しに増大しています。

コンピューターウイルスをばらまく、データを書き換えたり破壊したりする、サーバや通信回線をパンクさせて停止に追い込むなど、さまざまな手口があります。

2014年（平成26年）11月6日に衆院本会議で、被害が深刻化するサイバー攻撃に対して、国や自治体が安全対策を講じる責務を持つとした「サイバーセキュリティ基本法」が賛成多数で可決、成立しました。この法律は、関係省庁にサイバー攻撃などに関する情報を速やかに提供するよう義務付け、内閣に戦略本部を設置し、関係機関に勧告できるようにするものです。これ以前より、官民一体となった効果的なサイバーテロ対策を推進するため

に、2001年（平成13年）にサイバーテロ対策協議会を設立し、対策への検討を重ねています。2021年（令和3年）の7月から開催された東京オリンピック・パラリンピックでは、サイバー攻撃が予想され、官民が一体となってサイバー攻撃対策を実施しました。結果として、大会の運営に影響を及ぼすようなサイバー攻撃の発生はありませんでした。

国と国との連携で取り組む

サイバーテロの事例のように、情報セキュリティの脅威は、国を超えた攻撃を想定して、対応する必要性が高まっています。このような背景から、2014年（平成26年）11月、サイバーセキュリティ基本法を成立させ、翌年2015年1月は内閣に「サイバーセキュリティ戦略本部」を設置しています。同時に、内閣官房に「内閣サイバーセキュリティセンター（NISC：National center of Incident readiness and Strategy for Cybersecurity）」を開設し、活動しています。

2021年（令和3年）9月に閣議決定したサイバーセキュリティ戦略では、情報収集、分析、調査、評価、注意喚起の実施と対策、その後の再発防止などの一連の政策立案をし、総合的に調整する役割を担っています。

● 表1 サイバーテロ事例

	内容
事例1	平成22年9月、尖閣諸島周辺領海内における中国漁船衝突事件を受けて、中国のハッカー集団である「中国紅客連盟」と称する者が、我が国の政府機関等に対しサイバー攻撃を行うよう呼び掛け、警察庁のウェブサーバに対してこれに関連したとみられるアクセスが集中しました
事例2	平成21年7月、米国・韓国の政府機関等に対するサイバー攻撃が発生し、我が国所在の複数のコンピュータが攻撃に利用されていたことが判明しました
事例3	平成22年9月、イランの原子力発電所等のコンピュータ約3万台が、電力、ガス等の産業用システムを標的とするスタックスネットと呼ばれる不正プログラムに感染した旨が報じられました。我が国では、産業用システムにおける被害は確認されていませんが、複数のコンピュータが感染したとされています

警視庁　焦点第279号
http://www.npa.go.jp/archive/keibi/syouten/syouten279/p04.html より引用

米国に設立された産官学が連携してセキュリティ対策に取り組む組織 National Cyber-Forensics & Training Alliance（NCFTA）の活動を参考に検討しています。NCFTAのサイトでは、トップ画面に次のように書かれています。

Companies, Government, and Academia working together to neutralize cyber crime
（企業、政府、学術分野が協力してサイバー犯罪を無力化する）

世界中で広がるランサムウェアの被害に対しては、G7各国の法務機関が参加する「ランサムウェアに関するG7高級実務者会合」が開催されるなど、国を超えた対策も実施されています。

■ 図6　米国　産官学のサイバーセキュリティ取り組み例

米国の産官学のサイバーセキュリティ対策組織NCFTAサイト
http://www.ncfta.net/

参考文献、Webサイト

- 『サイバーセキュリティインフォメーション』警視庁
  https://www.keishicho.metro.tokyo.lg.jp/kurashi/cyber/
  | サイバーセキュリティに関する各種の注意情報や法律、よく寄せられる相談事例などの
  | お情報を知ることができます。

- 『警視庁　サイバー犯罪対策プロジェクト』警視庁
  https://www.npa.go.jp/cyber/
  | サイバー犯罪に関する各種の最新情報や相談窓口などの情報が集められています。

- 『金融犯罪の手口』全国銀行協会
  https://www.zenginkyo.or.jp/hanzai/
  | フィッシング詐欺やネットバンキング犯罪などの手口が紹介されています。動画で手口
  | を知ることもできます。

- 『ランサムウェア対策　特設ページ』情報処理推進機構（IPA）
  https://www.ipa.go.jp/security/anshin/ransom_tokusetsu.html
  | 急増するランサムウェアに関する情報を集めています。

第 8 章

個人情報とプライバシー

　現在日本は、国際社会での競争力を高め、社会の課題を解決するために、ITを利活用した「データ主導社会(Society 5.0)」を目指しています。そこでは行政、産業、教育、市民生活のさまざまな情報をデータ化し、ネットワークで共有しながら、分析し活用していく未来図が描かれ、各分野で取り組まれています。一方で、個人の情報が無断で利用されたり、情報が漏えいしたりするなどの不安もあります。個人の情報とプライバシーが、情報通信社会の中でどのように変わってきているのか、どう捉えるべきかを理解しましょう。

変わる「プライバシー観」

「プライバシー」という語句を国語辞典で引くと、「私事。私生活。また、秘密」といった意味が出てきます。さらに、個人の生活に関することで、人から暴かれないことがプライバシーだと定義されています。

1890年、米国の法律家サミュエル・D・ウォーレンとルイス・D・ブランダイスが、ハーバード大学法学紀要に発表した「**プライバシーの権利**（The Right to Privacy）」では、人は一人にしておいてもらう権利があると述べています。これは当時、人の私生活を暴くジャーナリズムが加熱していることに対して警告をし、人間が持つ権利を提示し、主張したものでした。

その後人権の観点からもプライバシーが考えられ、保護されるようになり、1950年に欧州評議会が「欧州人権条約」を交付しました。これは戦争での非人道的な行為が繰り返されないよう、基本的人権を保護するもので、その中でプライバシーについても「すべての者は、その私生活および家族生活、住居並びに通信の尊重を受ける権利を有する」と言及しています。

こうした、一人にしておいてもらう権利や人権の1つであると考えられていたプライバシー観は、情報化時代のはじまりとともに変化します。1967年、コロンビア大学のアラン・ウェスティン博士が、著書の『プライバシーと自由』で、「プライバシー権とは、個人、グループまたは組織が自己に関する情報を、何時どのように、またどの程度に他人に伝えるかを自ら決定できる権利である」と新しいプライバシー観を発表しました。これは現在のプライバシー観の基本になっていると考えられています。情報化が進展する社会では、1人にしておいてもらう権利だけではプライバシーを守ることができないので、もっと主体的に自分の情報をコントロールする仕組みを作っていくべきだという考え方です。インターネットが登場する以前ではあっても、今日の情報通信時代での個人の情報の扱いの考え方を示したものとして注目されました。

コンピューターが個人の情報を処理するようになり、国を超えて利用さ

れるようになることを考慮し、ヨーロッパの国々では、個人データの処理を適切にするために、法規制を検討し始めました。1970年にはドイツのヘッセン州で世界初の「個人データ保護法」が制定されています。また1974年に米国は「連邦プライバシー法」を、1977年にはフランスが「情報処理、情報ファイル及び自由に関する法律」を制定しました。

● OECDによるプライバシーガイドライン

こうした個人データを守る法律の整備の一方で、経済を発展させるためには、データを流通させることが重要だとも考えられました。情報化時代には情報を活用することが、競争力に差を付けるからです。個人の情報を守ることと、データを活用するという、相反する問題を解決するために、個人データに関するルールが作成されました。

これがOECD（経済協力開発機構）によって1980年に公開された勧告「**プライバシーガイドライン**」です。ここには、次の8原則が定められています。

■図1　プライバシーの考え方の変化

さまざまな機器やサービスで使われる個人のデータを自分自身で管理することが現代の「プライバシー観」です

OECDプライバシー8原則

①目的明確化の原則（Purpose Specification Principle）
個人データの収集・利用の目的を特定し、明確に示して収集しなければならない

②利用制限の原則（Use Limitation Principle）
本人に示した利用目的の範囲で利用しなければならず、同意がある場合などを除いて目的外に利用してはならない

③収集制限の原則（Collection Limitation Principle）
個人データの収集は適法・公正な手段、かつ本人への通知・本人の同意を得て行われなければならない

④データ内容の原則（Data Quality Principle）
収集された個人データは、正確・完全・最新でなければならない

⑤安全保護の原則（Security Safeguards Principle）
安全保護対策により紛失・破壊・使用・修正・開示等から保護しなければならない

⑥公開の原則（Openness Principle）
個人データ収集の実施方針、権利保護手続き、データの存在、利用目的、管理者等の情報を公開、明示すべきである

⑦個人参加の原則（Individual Participation Principle）
本人に関するデータの所在及び内容を明示し、異議申立等の権利保全手続きを確保しなければならない

⑧責任の原則（Accountability Principle）
個人データを収集、利用等する管理者は、諸原則実施の責任を負う

　このガイドラインを基本として、各国の個人データに関する法律が整備されていきました。

🔵 日本の「個人情報保護法」を知る

　日本ではOECD勧告を受け、1989年に「行政機関の保有する電子計算機処理に係わる個人情報の保護に関する法律」を公付しています。その後、インターネットの普及や政策としての高度情報通信社会推進の取り組みの中

で、行政だけでなくすべての分野で個人データの扱いに関する基本法が必要だと、審議が重ねられました。

1999年（平成11年）から個人情報保護に関する法律について、法制化の検討が政府で始まりました。2001年（平成13年）には、個人情報の保護に関する法律案が国会に提出され、審議、閣議決定を経て、2005年（平成17年）4月1日から「**個人情報の保護に関する法律**」が全面施行されました。

施行後も社会の課題やニーズに合わせて、改正が重ねられています。たとえば、「名簿や名刺など個人の情報が記載されている資料を所持したり、扱ったりしてはいけないのではないか」といった過剰反応への配慮や、正しく扱うためのプライバシーポリシー策定の促進などを盛り込み、2008年（平成20年）には、「個人情報の保護に関する基本方針」の一部が変更されています。

2015年（平成27年）からは、特定の個人を識別するための番号「マイナンバー」の利用を含んだ個人情報保護の検討がなされ、行政手続きにおける個人情報の利用に関する法律が制定されました。また、3年ごとに見直しをするといった規定も盛り込まれました。

● データ活用時代に向けた個人情報保護法の改正

2020年（令和2年）には、個人情報に関する人々の意識の高まりや、個人情報がグローバルに活用される状況に対応した個人情報保護が改正され、2022年（令和4年）4月1日から施行されています。

個人情報については、「有用性に配慮しつつ、個人の権利利益を保護するため、個人情報の適正な取扱いの確保を図ることを任務とする」独立性の高い機関、個人情報保護委員会が、基本方針の策定、監視や監督、教育・啓もう活動をしています。

個人情報保護委員会のサイトで説明されている、2022年改正の主なポイントは、次のとおりです。

① 個人の権利利益の保護
② 技術革新の成果による保護と活用の強化
③ 国際的な制度調和と連携
④ 越境データの流通増大に伴う新たなリスクへの対応
⑤ AI・ビッグデータ時代への対応

　たとえば個人の権利利益を保護するために、万が一、情報漏えいや紛失が起きた場合には、個人情報保護委員会への報告と本人への通知が義務付けられました。改正前は、「本人に通知するよう努める」としていたものが強化されています。

　違法または不当な行為を助長する等の不適正な方法によって個人情報を利用してはならないことも、新たに明確化されました。

　データを適切に利用するためのルールとしては、「仮名加工情報」の活用について新設されています。匿名仮名加工情報とは、特定の個人が識別でき

■図2　個人情報保護に必要なバランス

使わないようにして守るのではなく、天秤のバランスを取りながら使うことが目的です

個人の情報・利益の保護

個人情報の有用性

ず、加工元の個人情報を復元できないように加工された情報のことです。仮名加工情報に変換することで、利用目的の変更の制限、漏えい等の報告・本人への通知、開示・利用停止等の請求義務の適用から除外されます。

● 個人情報保護法の基本的な考え方

現在では、情報通信技術の進展によって、多種多様で膨大なデータである「**ビッグデータ**」の収集が可能になりました。また、人工知能（AI）を活用することで、画像や位置情報を含む多様なデータを分析して、新しいサービスやビジネスに生かそうとしています。

一方で、先に述べたように個人の情報が一方的に利用されたり、悪用されたりするのではないかとの不安が一般の人々に高まっています。

個人情報保護法は、「利用者や消費者が安心できるように、企業や団体に個人情報をきちんと大切に扱ってもらった上で、有効に活用できるよう共通のルールを定める」ことを基本方針とした法律です。

個人情報の有用性に配慮する、個人の情報や利益の保護をする。この2つのバランスを取りながら、データ主導型社会の新しいルールを作っていこうというものです。

● 「個人情報」の定義

この法律で定義している「**個人情報**」とは、「生存する個人に関する情報であって、氏名や生年月日等により特定の個人を識別することができるもの」をいいます。個人情報には、他の情報と容易に照合することができ、それにより特定の個人を識別することができるものも含みます。たとえば、「生年月日と氏名」を組み合わせれば、特定の個人を識別できます。マイナンバーやパスポート番号のような個人識別符号も個人情報です。また、顔写真のような画像や、指紋、声紋、DNAのような生体情報を変換した情報も個人情報と考えられています。

◯「個人情報保護法」の対象

2017年（平成29年）に全面施行された当初は、5000人以下の個人情報しか有していない、中小企業や小規模事業者は対象外となっていました。その後の法改正によって、この規定は廃止されて、数に関わらず、「個人情報を取り扱うすべての事業者に個人情報が適用される」ことになっています。企業などの法人だけでなく、NPO法人や自治会、同窓会など非営利の組織も含まれます。

◯「個人情報」の取り扱いで守るべき4つのルール

個人情報保護法では、ルールにのっとって、個人情報を活用することを目的としています。個人情報の取り扱いには、次の4つの基本ルールを規定しています。

① 個人情報の取得・利用
② データの安全管理措置
③ 個人データの第三者提供
④ 保有個人データの開示請求

①の「個人情報の取得・利用」では、個人情報取扱事業者は、利用目的を具体的に特定しなければならないとしています。また、当初の利用目的以外に使用する場合は、本人の同意を得なければなりません。

②の「個人データの安全管理措置」は、情報の漏えいが起きないように、安全に管理し、業者や委託先にも安全管理を徹底するよう措置しなくてはならないというものです。

③の「個人データの第三者提供」は、個人データを第三者に提供する場合は、原則としてあらかじめ本人の同意を得なければならないというものです。

④の「保有個人データの開示請求」は、本人から保有個人データの開示請

求を受けたときは、原則として本人にデータを開示しなければならないというものです。

　いずれも個人情報の利用の透明性を高めて、安心して個人データを活用してもらうことができるようにするものです。

　また、個人情報を、本人が特定できないように加工した「匿名加工情報」にして、より安全に個人情報を活用する仕組みも、個人情報保護法の改正によって追加されています。

◎ 個人情報を行政が適切に活用していく仕組み、マイナンバー法

　個人データを適切に活用することによって、社会福祉サービスをより適切に行ったり、災害時の迅速な対応に活かしたりしようと、現在、政府が取り組んでいるのが、「社会保障・税番号制度」、いわゆる「**マイナンバー法**」です。

　マイナンバー法では、住民票を持つすべての人に、1人1つの固有の番号を付けて、社会保障、税金、災害対策の分野で利用していきます。これまで複数の行政機関に分散していた個人の情報について、同一人物の情報であることを確認し、効率的に情報を管理、活用することを目的としています。

　こうした取り組みの背景には、かつて国民年金データがずさんに管理されていて調査や正しいデータ化に多くの時間と費用がかかった問題や、東日本大震災後の状況の把握がすぐにできず国や自治体の連携が効果的に行われなかった問題を、個人に関する行政情報の一元的な管理によって解決しようという意図があります。行政を効率化し、国民の利便性を高め、公平かつ公正な社会を実現する基盤として、作られた制度です。

　2015年（平成27年）10月に12桁の個人番号であるマイナンバーが国民全員に通知され、住民票の住所宛に通知カードが送られました。それぞれを持って市町村の役所に出向き、マイナンバーが記載された個人カードを交付してもらいます。このマイナンバーは、図4のように使えます。行政の窓口などで本人確認ができます。また、企業に就職して雇用保険を取得したり、確認したりするときにも使います。

8

現在では、健康保険証として使えるように、マイナンバーカードに利用登録できるようになりました。すべての医療機関での対応は、2022年末ではまだ出来ていませんが、今後は増えてくることでしょう。薬局でも利用できるようになります。

このような利用登録やポイント制度の活用などを管理する「マイナポータル」サイトの提供など、マイナンバー活用を促すためのさまざまな取り組みがなされています。

● マイナンバー制で懸念される危険

行政の効率化や利便性が高まるなど、データで管理することのメリットが強調されているマイナンバー法ですが、懸念されていることもあります。

たとえば、個人情報が漏洩し、〝なりすまし〟などに悪用されることが危惧されます。同様の個人番号制度を導入している米国や韓国でも個人情報が流出した事件も報じられています。日本でも高齢者を狙って、「マイナンバーカードを再発行しなければならなくなった」とだまし、マイナンバーを不正に取得する事件が発生しています。

また、悪用の抑止力としての刑罰について、不正に情報を漏洩するなどの行為に対して、4年以下の懲役又は200万円以下の罰金といった罰則が軽すぎるとの指摘もあります。

国が国民1人1人を管理することに対して、社会的な監視が強くなることを懸念する人もいます。

いずれにしても、データ主導型社会の社会基盤として、個人データを管理、活用していくことには、変わりはありません。

● オープンデータの利活用へ

マイナンバー法は、個人データの公共利用を中心に据えていますが、今後は民間活用も予想されています。日本が政策として進めているIT戦略会議では2012年（平成24年）からオープンデータ戦略を推進しています。

■ 図3　内閣府のマイナンバーに関するポータルサイト

https://www.kojinbango-card.go.jp/

■ 図4　個人カードの利用シーン

社会保障

年金　労働　　　　　　　税　　　　　　　災害対策

医療　福祉

- 個人番号を証明できる
- 1枚で本人確認ができる
- 証券口座開設など民間のオンラインサービスで使える
- コンビニで住民票の写しなどの公的な証明書を取得できる
- 健康保険証として利用できる

「**オープンデータ**」とは、「機械判読に適したデータ形式で、二次利用が可能な利用ルールで公開されたデータ」を指しています。つまり、コンピューターで利用できるデータになっていて、人手を多くかけずにデータの二次利用ができるデータという意味です。

　こうした取り組みから、行政は①透明性・信頼性の向上、②国民参加・官民協働の推進、③経済の活性化・行政の効率化が実現することを目的としています。

　図5のように、オープンデータ戦略は、国民が参加し、官民で進めていくものです。生活のさまざまな分野を連携して、データを活用していきます。日本では、2021年（令和3年）に創設されたデジタル庁が、「最大のデータ保有者である行政機関自身が国全体の最大のプラットフォームとなるべく、データの分散管理を基本として、包括的データ戦略の実装（トラスト基盤の構築、基盤データの整備、データ連携を可能とするシステム構築など）に取り組みます。」と政策を示して、取り組んでいます。

■図5　政府のオープンデータ戦略の目的

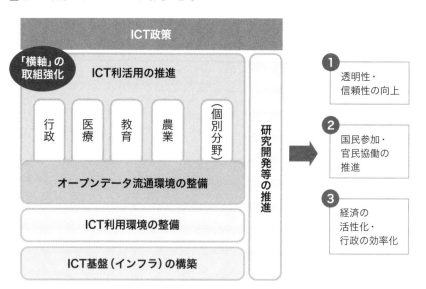

海外でも、欧米諸国がEUのデジタルアーカイブネットワークである「Europeana」を整備したり、米国がDPLA（Digital Public Library of America）を設立し、メタデータと呼ぶ属性データを公開するなど、グローバルなデータ流通の取り組みがなされています。

日本でも行政の持つデータの民間利用が始まっています。有用な情報の利活用と、個人情報の保護をどうバランスさせていくのか。自分自身のプライバシーをコントロールする観点で新しい取り組みを知り、理解していきましょう。

● プライバシーを守っていくのは自分自身

個人データは行政や民間企業だけが扱うのではありません。メールやブログや掲示板で、ソーシャルネットワークサービス（SNS）で、私たち自身も自分の情報を日々、発信するようになっています。自分自身が発信していない情報であっても、友人や知人の投稿に自分が一緒にいたことが書かれていることもあるでしょう。

こうした断片的に散らばった情報をコンピューターネットワークから集めることで、その人となりやプライベートなことが浮かび上がってきます。実名でなくニックネームで書いた情報も、いくつかの情報を組み合わせて検索をしていくうちに、本人の名前や住所などの個人情報がわかることもあるのです。特定の個人がブログやTwitterなどで書いた文章や、Instagramに投稿した写真から、個人情報を集めて、ストーカー行為の被害を受けている事件もあります。住んでいるところや生活の場所がわかるような写真を添えた書き込みには、内容に留意しましょう。

「肖像権」の侵害にも留意しましょう。肖像権は、自分の顔や姿を勝手に撮影されたり、公表されたりしない権利です。有名人だけでなく、誰にでも肖像権があります。スマートフォンで写真や動画を撮影して、SNSに投稿するときには第三者が映り込んでいないかなども注意しましょう。

自慢していると思わせるような投稿や人を揶揄するような表現が反感を

買い、投稿者の個人情報を集団がネットを使って調べ上げて、ネットで晒して公開する例も増えています。勤め先や家族の情報などを公開されてしまうこともあります。本人ばかりでなく、周囲の人にとってもプライバシーが暴かれてしまい、不安な日々を過ごすことにつながるのです。このような個人のプライバシーを侵害するような、ネットでの行為には安易に荷担しないでください。

　日頃から個人情報の書き込みには注意を払いましょう。投稿やメッセージを読むのは、友人や知人だけとは限りません。故意に拡散されなくても、コンピューターウイルスによって情報を盗み出されたり、スパイウェアによって盗み見られたりする危険もあります。第6章で説明したように、ウイルス対策ソフトを正しく使って、データを守りましょう。個人情報を抜き出すようなスマートフォンのアプリも存在します。スマートフォンについても、セキュリティ対策をしておきましょう。自分の情報だけでなく、他人のプライバシーを守る意識を持つことが大切です。

　日々、コンピューターネットワークに記録されていく膨大なデータは、

■図6　米国のDPLAのサイト

https://dp.la/

分析されてさまざまな分野で活用されていきます。国境を超えたサービスを展開し、情報を活用する巨大企業の動向にも注目されています。今後もそうした動きは、ますます加速していくことでしょう。自分の情報がどのように活用され、利便性と相反する危険についても理解するよう努めましょう。

プライバシーを守るためのポイント

- SNS、ネットでの書き込みに、個人的な内容や写真を公開するときは十分に留意する
- ウイルス対策ソフトを正しく使って情報セキュリティを守る
- 他人のプライバシーも守る意識を持ち、行動する

8

参考文献、Webサイト

- 『個人情報保護法委員会』
  https://www.ppc.go.jp/
  個人情報保護法を管轄する機関の総合サイトです。改正された個人情報保護法の対応のポイントなども解説されています。

- 『マイナンバーカード総合サイト』地方公共団体情報機構
  https://www.kojinbango-card.go.jp/
  マイナンバーカードに関して、基本から最新のできることまでまとめた総合サイトです。

- 『データ戦略』デジタル庁
  https://www.digital.go.jp/policies/data_strategy/
  デジタル庁の政策のデータ戦略について、関連する資料や政策について知ることができます。

- 『SNS利用上の注意』総務省　国民のためのサイバーセキュリティサイト
  https://www.soumu.go.jp/main_sosiki/cybersecurity/kokumin/enduser/enduser_security02_05.html
  SNSを利用するときにどのようなことに注意すべきか、偽アカウントやスパムアプリケーションなどの具体的な例で説明しています。

第 **9** 章

知的所有権とコンテンツ

　第三の波による情報革命が起き、「情報」の経済的な価値
が高まるようになりました。人が作り出す創作物も情報が
形になったものといえます。この章では、知的創作活動で
形になったものを守る、知的所有権の考え方を学びます。
現在のネット社会では、誰もがコンテンツやプログラムを
作って、世界中の人に発表できます。著作者、利用者の権
利の両方を守って、活用していくための法や思想を理解し
ておきましょう。

知的所有権とは何か

　小説や新しい発明など人間の知的創作活動で作られたものを保護し、これら知的創作活動の成果を他人が無断で使用して利益を得たりすることができないように、創作活動を行った人や企業・団体等の権利を守る制度があります。これを**知的所有権制度**（または知的財産権制度）と呼びます。

　この知的所有権は大別すると**特許権、実用新案権、意匠権**といった産業財産権と**著作権**とに分けられます（それ以外に半導体集積回路の配置図に関する権利や植物の品種を改良した権利なども知的所有権に含まれます）。

　産業財産権の中でも特許権は皆さんもしばしばその名を聞くことがあるでしょう。新しい発明や考案、デザインなどを一定期間保護するものです。最近ではノーベル賞の受賞にもつながった青色LEDの発明などが話題になりました。産業財産権は、発明やデザイン考案などについて特許庁に出願して認められることで権利として得られることになります。客観的に内容が同じ発明が行われた時に、最初に出願した人にその権利が与えられる「絶対的独占権」です。

■ 図1　知的所有権の種類

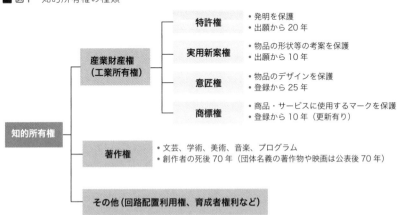

特許庁　http://www.jpo.go.jp/seido/s_gaiyou/chizai02.htm を参考に作成

● 著作権

それに対して、小説や音楽などを創作した時の権利は著作権と呼ばれます。また、小説や音楽など著作権の対象となる創作物を著作物と呼びます。著作物としては、小説のような言語で書かれたもの、音楽の歌詞や楽譜だけではなく、多様な種類が存在しています。表1に示すように一般に著作物というイメージのないコンピュータープログラムにも著作権が存在します。また、それまでに作られた詩を集めた詩集のような編集著作物やオリジナルの小説を翻訳した二次的著作物なども著作権の対象となっています。

ただし、この表にあるからといってすべてが著作物とはいえないものもあります。たとえば、有名画家の絵の複製写真を撮影した場合、それが絵を忠実に再現しているだけであれば、その写真自体は著作物としては認められず、写真撮

● 表1　著作物の種類

言語の著作物	論文、小説、脚本、詩歌、俳句、講演など
音楽の著作物	楽曲及び楽曲を伴う歌詞
舞踊、無言劇の著作物	日本舞踊、バレエ、ダンスなどの舞踊やパントマイムの振り付け
美術の著作物	絵画、版画、彫刻、漫画、書、舞台装置など（美術工芸品も含む）
建築の著作物	芸術的な建造物（設計図は図形の著作物）
地図、図形の著作物	地図と学術的な図面、図表、模型など
映画の著作物	劇場用映画、テレビ映画、ビデオソフト、ゲームソフトなど
写真の著作物	写真、グラビアなど
プログラムの著作物	コンピューター・プログラム
二次的著作物	上表の著作物（原著作物）を翻訳、編曲、変形、翻案（映画化など）し作成したもの
編集著作物	百科事典、辞書、新聞、雑誌、詩集など
データベースの著作物	編集著作物のうち、コンピューターで検索できるもの

公益社団法人著作権情報センター　著作物にはどんな種類がある？
http://http://www.cric.or.jp/qa/hajime/hajime1.htmlより引用

影をした人に著作権が与えられるということはありません（ただし、複製写真の利用に際しては元となる画家の持つ著作権は機能することになります）。また民話や伝承をそのまま書き写した文章があったとした場合、これも著作物ではないと考えられます。これらは複製写真や単なる民話を書きおこした文章そのものは創作的な表現物ではないというところに理由があります。このように、単なる複製や複写物は著作権の対象とはなりません。逆にたとえ幼稚園児の絵であっても立派な著作物です。絵の上手下手や市場価格の高低で権利が発生したりしなかったりするということはないのです。なお、これは写真は複写物だからすべて著作権の対象ではないということを意味しているわけではないので注意が必要です。表1にも「写真の著作物」という項目があるように、あくまで創作的な表現であるかどうかが問題であり、多くの写真には著作権が与えられます。

　著作権は、特許などの産業財産権と異なり、出願や登録をしなくても著作物がつくられた時点で権利が発生するという点に大きな特徴があります。何も手続きをしなくても著作物を創作した時点で権利が発生し、その創作者が著作者であり、著作権者となるのです。したがって、特許などと異なり、同じ内容の創作物が生まれた場合には（もちろん、他の人の創作物を見て写したというような場合は駄目ですが）、その両者に権利が与えられることになります。他人が独自に創作したものには権利が及ばない「相対的独占権」ということになります。

　著作者が創作すると同時に発生する権利は、実は財産権としての著作権（狭義の著作権、**著作財産権**と呼ばれることもあります）と**著作者人格権**という2つの権利が両方含まれます。狭義の著作権と著作者人格権とをあわせて広義の著作権と呼ぶ場合もあります。人々が一般に著作権と呼んでいるのは狭義の著作権であることが多く、日本の著作権法でも著作権という用語を狭義で用いていることが多いので、本書でもとくに「広義の」という注釈をつけない場合は狭義の著作権（財産権としての著作権）を意味するものとします。

　著作権をもとに、たとえば小説家は創作物の複製物を作成する許諾を有償で与えるなどが可能となるのです（もちろん無償で認めることもできます）。ここで著作物の利用と書きましたが、利用の仕方にもいろいろな方法が考え

られます。これらの方法ごとに著作権は定められています。表2に著作権の例を示します。なお、一般に著作権と呼ばれているのは、この表に示す権利の総体としての呼び名であり、個別の権利を示すものではないともいえます。

　このうち複製権は最も基本的な権利です。ここで言う複製とは写真やコピー機のようなものを用いて全く同一のものを作成するという場合に限らず、手書きの小説原稿を印刷物の図書として刊行したり、ある脚本に基づいて演じられたドラマを録音・録画したりする行為や、建築の設計図を元に同じ建築物を建てるような行為も複製に含まれます。

● 表2　著作財産権の例

複製権	著作物を印刷、写真、複写、録音、録画などの方法によって有形的に再製する権利
上演権・演奏権	著作物を公に上演したり、演奏したりする権利
上映権	著作物を公に上映する権利
公衆送信権・伝達権	著作物を自動公衆送信したり、放送したり、有線放送したり、また、それらの公衆送信された著作物を受信装置を使って公に伝達する権利 *自動公衆送信とは、サーバーなどに蓄積された情報を公衆からのアクセスにより自動的に送信することをいい、また、そのサーバーに蓄積された段階を送信可能化という。
口述権	言語の著作物を朗読などの方法により口頭で公に伝える権利
展示権	美術の著作物と未発行の写真著作物の原作品を公に展示する権利
頒布権	映画の著作物の複製物を頒布（販売・貸与など）する権利
譲渡権	映画以外の著作物の原作品又は複製物を公衆へ譲渡する権利
貸与権	映画以外の著作物の複製物を公衆へ貸与する権利
翻訳権・翻案権など	著作物を翻訳、編曲、変形、翻案等する権利（二次的著作物を創作することに及ぶ権利）
二次的著作物の利用権	自分の著作物を原作品とする二次的著作物を利用（上記の各権利に係る行為）することについて、二次的著作物の著作権者が持つものと同じ権利

公益社団法人著作権情報センター　著作者にはどんな権利がある？
http://www.cric.or.jp/qa/hajime/hajime2.html より引用

　何度も述べているように著作権は財産権ですから、その一部または全部を他人に譲渡したり相続したりすることもできます。このような譲渡や相続した場合には、著作権は譲り受けた人や相続を受けた人のものとなり、その人が複製などの許諾を与えるという権利を有することになります。

　さらに、創作者が持つ著作権以外に著作隣接権という権利も存在しています。たとえば、実演、レコード、放送、有線放送といった手段によって著作物を広く一般公衆に伝達する者は、著作物の創作者ではないので著作権は有しませんが、こういった行為を行う人には著作権に準ずる権利として著作隣接権が与えられます。したがって、たとえばCDなどに録音された演奏を複製しようとした場合には、創作者の持つ著作権だけではなく、演奏者の持つ著作隣接権にも配慮する必要があるのです。

◐ 著作者人格権

　著作者人格権とは、著作者の名誉にかかわる権利であり、著作者がその著作物に対して有する人格的利益の保護を目的とする権利の総称です。また、著作権と異なり、他人に譲渡することはできません。同様に、相続もありえません。具体的には、表3に示すように公表権、氏名表示権、同一性保持権が規定されています。なかでも同一性保持権は、著作物が利用されるときに著作者の意に反して改変することを禁じるもので、たとえば編集者が作家に無断で題名を変えるなどは許されません。

● 表3　著作者人格権の例

公表権	自分の著作物で、まだ公表されていないものを公表するかしないか、するとすれば、いつ、どのような方法で公表するかを決めることができる権利
氏名表示権	自分の著作物を公表するときに、著作者名を表示するかしないか、するとすれば、実名か変名かを決めることができる権利
同一性保持権	自分の著作物の内容又は題号を自分の意に反して勝手に改変されない権利

公益社団法人著作権情報センター　著作者にはどんな権利がある?
http://www.cric.or.jp/qa/hajime/hajime2.htmlより引用

◯ 著作権条約と著作権の保護期間

　著作権法は日本の国内法ですが、日本人が創作した著作物は**ベルヌ条約**（正式名称は「文学的及び美術的著作物の保護に関するベルヌ条約」）や**万国著作権条約**などを介して世界中で保護されます。現在、世界中の多くの国がベルヌ条約に加盟しており、この条約加盟国間では相手国の著作権のもとで権利を与えられることになります。たとえば日本と中国は共にベルヌ条約に加盟していますので、日本の著作権者の創作物が中国において無断で使用された場合には、中国国内の著作権法で守られることになります。

　著作権の保護期間は、原則として著作者の死後70年間とされています。この著作権の保護期間は2019年1月に、それまでの50年から70年に延長されました。したがって、1968年12月までに亡くなった人の著作権は死後50年、それ以降に亡くなった人の著作権は死後70年となります。ただし、他にも細かな規定があり、たとえば映画の著作物の場合は公表後70年間です。著者が死んでから50年や70年という保護期間の長さは、著作者の遺族などの生活に寄与するなどの意見がある一方、相続分割などが行われた結果として著作権継承者の許諾を取るのが大変になるとか、それほど長い期間が経過した後で売れる著作物はごくごく限られるなどの状況から否定的な意見を主張する人もいます。なお、著作隣接権の保護期間は実演やレコード発行が行われたときから70年、放送又は有線放送が行われたときから50年であり、たとえば音楽CDを利用しようとした場合、著作権が消滅した古い曲であっても、演奏者やCDの製作会社の著作隣接権が働くので注意が必要です。

　このように著作権は著作物を作成した瞬間に発生するもので、かつ、著作者の死後70年間（または50年間）保護されることは先に述べました。では、それほど長い期間がたって、著作者（や、その著作権を相続した人）と連絡をとる方法がわからなくなってしまったとか、そもそも著作権を持っている人が誰かわからない著作物の扱いはどうなるのでしょう。このように、著作権者が不明な著作物のことを、「**孤児著作物**（Orphan works）」と言いま

9

す。孤児著作物については、著作権者に許諾を取って権利処理を行うという通常の権利処理ができません。そこで、日本では、「著作権者不明等の場合における著作物の利用」（67条）によって、文化庁長官の裁定を受けて利用することが可能な制度が整えられています。

著作権の保護対象とならないもの

一方で人間が創作したものでも著作権法上、保護の対象とならないものも存在しています。たとえば、以下のようなものです。

憲法や、地方公共団体などによる告示・訓令・通達、裁判所の判決などは、著作権法の対象になりません（第13条）。また、同様に、公開して行なわれた政治上の演説等は著作権の対象にはなりません（第40条）。ほかに、事実の伝達にすぎない雑報及び時事の報道などは著作物ではないとされています（第10条の2）。たとえば、国旗などには著作権はありません。

このうち事実の伝達に関して言えば、たとえば図書の書誌事項（著者名、タイトル、出版社名、出版年などの項目）について図書を見て入力したとしても、そのデータは保護の対象とはなりません。ただし、図書の内容をあらわすあらすじなどを作成した場合は、その部分に関しては保護の対象となります。同様に、大量のデータを入力したデータがあったとしても、たとえば五十音順に人名と電話番号を羅列しただけのものは保護の対象とはなりません。ただし、ハローページやタウンページなどの電話帳は配列などに創作性があるため保護の対象となります。

著作物の「利用」と「使用」

広義、狭義を問わず著作権を侵害するという行為は、ネットワーク社会が到来する前から問題となってきました。たとえば図書や週刊誌をコピーして配布することや、雑誌に掲載された写真を複製してちらしを作成するなどの行為によって著作権法違反の罪に問われるケースも存在していました。さらに、ネットワーク社会ではこのような著作権侵害が発生する例は桁違いに多くなってきています。

ここで、著作物の「利用」と「使用」ということの区別を考えておきましょう。先にお話ししておくと「使用」については著作権者の許諾を得なくても自由に行うことができる行為、「利用」については著作権者の許諾なしには行うことができない行為となります。

　著作物の「使用」とは本を読む、CDを聞くなどの行為を意味し、著作者に無断で行うことができるものを指します。それに対して、著作物の「利用」とは端的に言ってしまうと複製、コピーを作ることになります。過去、たとえば写経などの時代には大きな問題とはならなかったコピーですが、情報技術の発達とともに容易に行えるようになり、その結果、著作者の権利を侵害するケースが多発するようになったのです。さらに、インターネットの発達とともに、コピーしたものが簡単に流通し、広い範囲に届くことが可能になってしまったことが、現在、著作権について大きな問題になっています。

　著作権は創作者が持つ権利のことを意味しているので、「著作権の制限」とは利用する方から見た場合には許諾をとらずに自由に利用できる範囲が広がることを意味しています。著作権者の権利が制限され、例外的に許諾を得る必要がない場合として多くの個別事例が規定されています。たとえば、「教科用図書等への掲載（第33条）」「授業・試験問題での使用（第35、36条）」「点字による複製（第37条）」「政治上の演説等の利用（第40条）」などは、その一例です。また、たとえば写真の背景として著作物が映り込んでしまったような場合も技術的に分離が困難ですので複製が許可されます。中でも日本の著作権法において重要であるのは、**「私的使用のための複製**（第30条）」および「**引用**（第32条）」でしょう。

　私的使用のための複製（第30条）は 自分自身や家族など限られた範囲内で利用するために著作物を複製することができるとする規定です。ただし、私的使用目的の複製であっても違法著作物であることを知りながら音楽又は映像をインターネット上からダウンロードする行為などは権利制限の対象から除外されます。

　また引用は、たとえば自説を補強するために自分の論文の中に他人の文章を

掲載しそれを解説する行為のことをいいます。他人の文章を自分の文章中に取り込んで掲載する場合、公正な慣行に合致するものであり、かつ引用の目的上正当な範囲内であるという要件を満たす必要があります。具体的には (1) 引用する側とされる側の双方が質的量的に主従の関係であること、(2) 両者が明確に区分されていること、(3) なぜ、それを引用しなければならないのかの必然性があること、が条件とされます。みなさんの中にはレポート等を書いた際に、論文や資料をきちんと引用しなさい、と言われた経験がある方もおられるでしょう。引用の際には、引用部分が主となるような大量の引用は禁止されていること、また、引用した部分と自分の意見を明瞭に分けること、また、論を組み立てるためにそれを引用する必然性があること、引用元を明記することが求められるのです。

　そのほか、著作物を入手する時に、インターネット上で公開されている文章や画像、音声などを入手する、書店などで購入するという以外に図書館で借りてきたものを利用するということもあるでしょう。著作権第31条では、図書館が利用者の求めに応じ、その調査研究の用に供するために、公表された著作物の一部分の複製物を一人につき一部提供することができると定めています。著作物の一部分というのはあいまいな表現ですが、おおむね半分を超えない範囲であることとされることが多いのです。つまり、図書の場合、本文全体の半分を超えない範囲が複写可能とされています。ここで注意が必要なのは、複数の著者による「論文集」といったものは、それぞれの論文に著作権が存在するので、各論文の半分までしかコピーできない、という規定になっています。この点については、改正を求める意見があるなど、さまざまな意見があります。著作権は細かな規定がたくさんあるため、悩んだ場合、政府機関や外郭団体等のQ&Aにあたるとよいでしょう。日本では、文化庁や公益社団法人著作権情報センターのWebページ等に、著作権についてのQ&Aが豊富に記載されています。

● 著作権侵害について

　著作権侵害を行った場合の罰はどのようなものでしょうか。刑事罰としては10年以下の懲役又は1000万円以下の罰金、加害者が法人の場合3億円

以下の罰金が課せられます。また、民事的にも被害者からの損害賠償請求や著作物の使用の差止請求（本の回収・廃棄）がなされることがあります。たとえば、会社で1つしかソフトウェアのライセンスを購入していないにもかかわらず、それを会社のすべてのPCにインストールしたような著作権侵害の場合、発覚すると驚くべき額の損害賠償請求が行われることも珍しくはありません。情報化が進むことで簡単に著作権侵害が可能となってしまいましたが、これは相当なリスクがあるのです。

● デジタル著作権管理（DRM）

コピーが容易で、かつ、コピーしたものの劣化が全くない電子的な著作物に関しては、そもそもコピーが難しいように電子的に著作権を管理しておこう、という発想がありえます。この考え方を**デジタル著作権管理**（Digital Rights Management:DRM）と言います。たとえば、ダウンロードしたデバイスでしかその音楽を再生できないようにしたり、特定の人のアカウントでしかダウンロードした電子ブックを読めなくしたりする、という技術がそれにあたります。映画産業や音楽産業は、権利者を保護する仕組みとして、DRMは必要であると主張していることが多いようです。一方でDRMに対しては、恒久的な再生が不可能になる（デバイスが壊れてしまったら、そのデータを再生する機械がなくなってしまう）、著作権で認められている範囲での、たとえば私的複製を侵害するものであるといった批判が行われることもあります。

● 情報を「囲い込まない」オープンの思想

知的所有権や著作権の概念は、社会における産業の発展、文化の発展のためにも非常に重要です。これらを尊重することは現代社会において特に意識しなければならない問題です。とくに、インターネットの発達によってデジタル化された他人の著作物が容易に複製できるような環境では、特に著作物の取り扱いに配慮が求められるようになってきています。

しかし、インターネット時代になり一般の人々が情報発信を容易に行う

ことができるようになってくると、その中で著作物の「使用」ではなく「利用」を行いたいという要望が増加してくるケースも増加し、著作権が無方式で与えられるものであるが故に情報の共有にとって障害になる例も出現してきました。たとえばWebページを作成している時に、Web上で公開されている俳句や短歌、写真などを自分のページの一部に取り込みたいなど、別のページに書かれている内容を引用の範囲をこえて利用したいということはよくある話です。アメリカの著作権法には、諸般の事情を勘案して公正な利用であると判断できる場合には権利者の許可を得なくても著作物を利用できるという規定があります（米国著作権法第107条）。これをフェアユースと呼びます。これに対して日本の著作権法にはアメリカのような包括規定はなく、前述の「私的複製」のように著作権者の許可を得なくても作品を利用できる個別の制限規定を定めているだけです。また、この個別の制限規定には利用目的に合わせて細かい条件が決められており、個別規定がない領域については権利者の許可を得ない限り自由に著作物を利用することはできないという解釈が大勢を占めてします（個別の制限規定を例示だとみなし、著作権法第1条にある「文化的所産の公正な利用に留意しつつ」という記述を根拠とし公正利用は認められているという解釈をとる少数意見もあります）。

　また、公正利用の場合だけではなく、デジタル技術の発展が著作権の概念にあわなくなるなどの事態もおこってきました。たとえば、Webページを印刷する場合には当該ページの内容を一時的に自分のコンピューターに複製し、それを用いて印刷する必要がありますが、かつての著作権の解釈ではこれも違法になる可能性が指摘されてきました。この問題そのものは2009年（平成21年）の著作権法改正で「当該情報処理を円滑かつ効率的に行うために必要と認められる限度で」の利用は可能とされ、何とか解決が図られました。また、2018年までは、日本ではWebページを自分のサーバーにダウンロードして検索しやすいように、インデキシングを行うことも許されていませんでした。これでは検索エンジンも作れません。これも2019年（平成31年）1月1日に施行された著作権法の一部改正で、所在検索サービスや情報解析サービス

が可能となるように改正されました。

　インターネットの時代には日進月歩でさまざまな技術が開発されてくるため、著作権法を改正して個別例を追加していくだけでは対応できないという指摘もあります。そもそもWebページを公開している人の中には著作物を利用したい人も著作物を創作した人も共に自由に著作物を流通させたいと思っているというような場合もありえるのです。そこで利用が広がっているのが、Webなどで公開する著作物に関する許諾を作品ごとに掲載することで、著作権者の著作権を保持したまま、決められた範囲内であれば作品を利用したい場合に連絡なしで作品を利用してもよいという利用についての方針を明示する動きです。このような著作物再利用の意思表示を手軽に行えるようにするための、さまざまなレベルのライセンスを策定し普及を図る国際的プロジェクトが**クリエイティブ・コモンズ**です。クリエイティブ・コモンズでは、作品の改変を許可するかどうか、商用利用は許可するかどうかという主として2つの観点からの許諾を簡単に行うことができるように、図2に示すライセンス表示が行える仕組みを整備しています。

　クリエイティブ・コモンズのライセンスは、CC-BY-SAといった形で付与します。たとえば、2014年3月3日、京都府立総合資料館が国宝「東寺百合文書（とうじひゃくごうもんじょ）」をCC-BY（商用利用を許可し、改変も許可する、作者名を明示すること）で公開したことが話題になりました。「東寺百合文書」とは8世紀から18世紀までの約1千年間にわたる膨大な量の古文書群のことですが、非常に重要な史料であり、ユネスコ世界記憶遺産の候補にもなっています。これを円滑に、かつ自由に使用可能なように、クリエイティブ・コモンズのライセンスを選択したのです。

　また、このようなWebコンテンツに関する許諾の意思表示だけではなく、自らが作成したソフトウェアのソースコード（人間が読むことができるコンピュータープログラム）を自由に公開する「**オープンソース・ソフトウェア**」の進展（たとえば、Linuxというオペレーティングシステムがその代表格とされています。これはサーバや携帯電話の裏側でよく利用されています）、学術論文をインターネット上で公開し、障壁のないアクセスを実現する「オー

■図2 クリエイティブ・コモンズのライセンス

		作品の商用利用を許可するか	
		許可する	許可しない(NC)
作品の改変を許可するか	許可する	表示(CC BY)	表示-非営利 (CC BY-NC)
	許可するが ライセンスの条件は継承(SA)	表示-継承 (CC BY-SA)	表示-非営利-継承 (CC BY-NC-SA)
	許可しない (ND)	表示-改変禁止 (CC BY-ND)	表示-非営利-改変禁止 (CC BY-NC-ND)

クリエイティブ・コモンズ・ライセンスとは
http://creativecommons.jp/licenses/ を参考に作成

プンアクセス」、インターネットを活用し積極的に政府情報を公開したり市民参加を促したりする「オープンガバメント」など、さまざまな分野でオープン化の動きが進んでいます。

　このように、知的所有権は創作者の保護を図るために設定されている権利です。一方で、過度な権利保護によって、情報の円滑な流通を阻害されているという指摘もなされています。とくに大規模な情報時代に突入した現在、知的財産と円滑な利用の方法という、さまざまな仕組みが検討されています。

参考文献、Webサイト

- 『著作物って何？』 公益社団法人著作権情報センター
  http://www.cric.or.jp/qa/hajime/index.html
- 『著作権法入門 2019-2020』 文化庁編、著作権情報センター、2019年
- 『誰が「知」を独占するのか──デジタルアーカイブ戦争』 福井健策、集英社、2014年
- 『著作権の世紀 ── 変わる「情報の独占制度」』 福井健策、集英社、2010年
- 『図解 わかる著作権 クリエイティブ×ビジネスの基礎知識』、コンピュータソフトウェア著作権協会、ACCS 共著、中川 達也 監修、ワークスコーポレーション、2010年

第 10 章

企業と情報倫理

データが重要な資産となるデータ経済社会では、企業は自社が持つ多様な情報をいかに活用、管理し、発信するかが重要になります。たとえば、経営に関する情報については、正しく作成、管理し、必要に応じて公開する「透明性」が求められています。

この章では、企業の情報をどのように扱うべきかを規定した法律や、それらが整備された背景を知り、情報技術が企業の透明性をどのように確保するのか、企業の構成員である従業員や関係者は情報をどう扱うのかを理解していきます。

企業の社会的責任「CSR」

　企業の事業の大きな目的は、売上をあげて利益を得ることです。しかし目先の利益の追求に走って不正を行ったり、消費者やユーザーを裏切ったりするような行為があると、事業を継続することはできません。このように企業には社会的責任があるという考え方を、「**コーポレート・ソーシャル・リスポンシビリティー（CSR）**」とよびます。企業も社会の一員として、経済活動の成果を社会に提供するというものです。

　CSRの考え方は、日本の企業でも旧来から持っていたものです。たとえば現パナソニックの創業者で、昭和の卓越した経営者としてその思想が広く知られている松下幸之助は、「企業は社会の公器」として、早い時期から公明正大、透明性、共存共栄に取り組みました。

　製品の先進性やデザインの良さで日本製品のブランド力を高めたソニーの創業者の井深大も、第二次世界大戦後に会社を設立した際の趣意書に、「日本再建、文化向上に対する技術面、生産面よりの活発なる活動」、「国民生活に応用価値を有する優秀なるものの迅速なる製品、商品化」、さらに「国民科学知識の実際的啓発」を目的に示しています。

　企業が成長し、社会から受け入れられるには、社会に対して責任を持ち、社会の一員として価値ある存在となることが大切なのです。

■図1　企業も社会の一員

🔵 地域社会も企業の「ステークホルダー」

　近年では、企業や組織の活動を考えるときに、「**ステークホルダー**」への影響を考慮するようになっています。ステークホルダーとは、企業に対して利害関係を持つ人々を指します。ステークホルダーは企業が利益をあげることによって、直接的な利益につながる株主だけではありません。経営状況が生活に直結する社員や取引先だけでなく、現在では顧客や企業が属する地域社会までをも含めて考えるようになっています。

　また、企業活動がグローバルに広がり、インターネットによって企業も人も地球規模でつながっている今、ステークホルダーの捉え方は、さらに広がりを見せています。

🔵 米国の粉飾決算事件が企業責任の見直しに

　現在では、企業の社会的責任として決算内容を正しく公開する、透明性が求められています。その背景となったのが2001年から相次いで米国で発覚した、企業の巨額粉飾決算の事件です。代表的な事件が米エンロン社とワールドコム社の虚偽の企業報告でした。

　エンロン社は、1931年にガス、電力、パイプラインなどの会社が合併して生まれ、1985年にガス会社の合併を機にエンロン社と名称を変え、その後、電力の小売・卸売、通信IT事業などへ事業を拡大しました。巨大化したエンロン社は1990年後半、エネルギー先物市場の金融派生商品であるデリバティブの事業に手を出して失敗。巨額の損失を出し、2001年にはついに破産宣告をしました。同社の株を持っていた株主たちは、大きな損害を被ったのです。

　この企業は破産直前まで会計内容を粉飾して、株主をだましていたことが発覚しました。さらに、当時の会長兼最高経営責任者（CEO）であったケネス・レイ氏が、破産直前に自分の持ち分の自社株を売却し、約10億ドルの利益を得ていたことも明るみになりました。

　2002年に破産宣告した米電気通信事業会社のワールドコム社は、負債金額が当時米国史上最大の約4兆7000億円に上りました。創業経営者であるバーナード・エバースが、本来は費用として計上すべき内容を資産とするなど売上原価を圧縮して、損失を偽装したことがわかりました。エンロン社やワールドコム社の粉飾決済は経営者の指示だけではなく、担当していた会計監査法人や銀行も関わっていたことが調査によって明らかになり、監査法人は責任を追求され、解散に追い込まれています。

粉飾防止に「会社改革法」を制定

　企業の会計報告の粉飾は、エンロン社、ワールドコム社だけでなく他の業種、企業でも次々と発覚しました。米国では、こうした粉飾決済を防ぐために2002年7月に「上場企業の会計改革と投資家保護法」いわゆる「企業改革法」を制定しています。議会への提案者の名前に由来して、SOX法とも呼

● 表1　米国企業改革法の内容

章	タイトル
第1章	公開企業の会計監査を監視する委員会
第2章	会計監査人の独立
第3章	企業の責任
第4章	財務ディスクロージャの強化
第5章	アナリストの利益相反
第6章	証券取引委員会(SEC)の補強
第7章	調査および報告
第8章	可罰的違法行為責任
第9章	ホワイトカラー犯罪の刑罰
第10章	法人税の還付
第11章	企業不正行為性人

ばれています。

　会社改革法は、表1で示す11章66条から構成されています。特徴的なの
は、第3章の企業の責任、第4章の財務ディスクロージャの強化です。企業
の責任では、経営者における財務報告に関する内部統制を確率し、維持する
責任を明記しています。第4章でも、経営者における内部統制の有効性の検
証と評価が規定されています。

● 「内部統制」の確立が求められる

　企業改革法では、経営者は内部統制を確立し、維持する責任を表明する
必要があることが示されています。この「**内部統制**」とは、企業を適切かつ
効率よく、法律を守り、無駄のないように経営するための企業内の仕組みの
ことです。しかも単に仕組みを作るだけでは不十分で、図2で示すように、
業務に組み込まれ、組織内のすべての者によって遂行されるプロセスです。

　内部統制をどのように進め、維持するかについては、米国では1985年に
作られた不正な財務報告に関する委員会であるトレッドウェア委員会組織委
員会「COSO」が提案するフレームワークが広く利用されています。COSO
は、公認会計士協会、会計学会、財務担当経営者協会、内部監査人協会、会
計人協会などの団体が支援して作った団体で、1992年に内部統制の統合的

10

■ **図2**　内部統制とは何か

・業務の有効性および効率性

・財務報告の信頼性

・事業活動に関わる法令などの遵守

・資産の保全

上記の4つの目的が達成されているとの合理的な保証を得るために、
業務に組み込まれ、組織内のすべての者によって遂行されるプロセス

フレームワークを発表しています。

このフレームワークでは、内部統制の目的を次の3つであるとしています。

① 業務の有効性と運用性（業務）
② 財務報告の信頼性（報告）
③ 関連法規の遵守（コンプライアンス）

そして図3のように統制環境、リスク評価、統制活動、情報と伝達、モニタリング活動の5つを構成要素としています。

このフレームワークは、2013年5月に全面的に見直された改訂版が公表されています。全体の枠組みは変わりませんが、グローバル化、複雑化したビジネス環境に合わせた見直しになっています。財務報告に関する報告から、従業員稼働率や顧客満足度調査、主要リスク指針一覧など、財務報告でないものも含まれました。

■図3 内部統制 COSOのフレームワーク

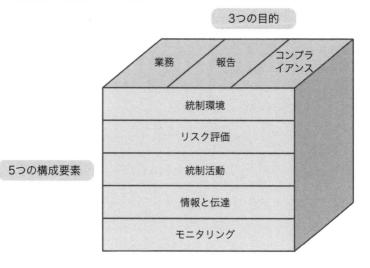

日本では「新会社法」で内部統制を取り入れる

　米国の粉飾決算と経営破綻は、日本の対岸の出来事ではありませんでした。日本でも企業の不祥事はたびたび報じられています。2000年（平成12年）には自動車会社がリコールを隠していたことが発覚しただけでなく、その後の説明の不手際が大きく報じられました。2005年（平成17年）にはマンションの耐震強度を偽装した構造設計の建設が社会問題になりました。同じ2005年に起きた脱線事故は、鉄道会社が安全よりも効率を優先させたことや従業員指導に不適切な点があったことなどが調査によって明らかになっています。

　こうした背景から、会社の責任を明確にし、透明性を高めるために2006年（平成18年）5月に会社法が施行されました。これは従来、会社に関する規定が商法、有限会社法、商法特例法、商法施行法などの様々な法律に分散していたものを整理し、一本化したものです。

　これによって、資本金が1円からでも株式会社が設立できるなど、会社設立要件の緩和、監査制度の簡便化など、規定がシンプルになっています。一方で、資本金5億円以上または負債額200億円以上の大会社には、内部統制システムの確立を義務としました。2009年（平成21年）3月からは「金融商品取引法」で上場会社には「内部統制報告書の作成」、「内部統制報告書の外部監査」が導入されています。日本版SOX法、J-SOX法とも呼ばれています。

　内部統制は大企業に課せられるものであって、中小期企業には関係ない、ということではありません。財務報告を正しく行うことは、すべての株式会社に当てはまることです。

　日本版SOX法では、④の資産の保全も目的として加えられています。

① 業務の有効性と運用性（業務）
② 財務報告の信頼性（報告）
③ 関連法規の遵守（コンプライアンス）
④ 資産の保全

■ 図4　日本版SOX法のフレームワーク

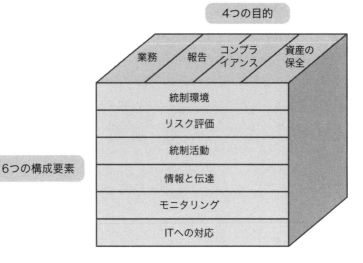

4つの目的

| 業務 | 報告 | コンプラ イアンス | 資産の 保全 |

6つの構成要素

統制環境
リスク評価
統制活動
情報と伝達
モニタリング
ITへの対応

　そして図4のように構成要素に、「ITへの対応」が加えられているのが大きな特徴です。

コーポレートガバナンス（企業統治）の取り組み

　規模の大きな企業では、組織ぐるみの不祥事を防ぎ、健全な経営を行うために、社外取締役や社外監査役をおいて、経営を監視する仕組みを持っています。こうした仕組みを、「**コーポレートガバナンス（企業統治）**」と呼んでいます。特に、欧米を含むグローバルに活動するには、欠かせない視点となっています。

　日本では、金融庁と東京証券取引所が、コーポレートガバナンスのガイドラインである「コーポレートガバナンス・コード」を公表しています。その表紙には、「企業の持続的な成長と中長期的な企業価値の向上のために」と目的が示されています。

　また、経済産業省では、コーポレートガバナンスとそれを支える内部統制の仕組みを、情報セキュリティの観点から企業内に構築・運用すること

を、「**情報セキュリティガバナンス**」と定義し、現在の企業経営に必須の取り組みであると示しています。

● 企業の信頼を守るITシステム

日本版のSOX法でもITへの対応が盛り込まれているように、財務諸表のデータを処理し、報告書の信頼性を確保するには、ITシステムのデータの信頼性が担保されなければなりません。

また、業務を有効かつ効率的に遂行するには、ITシステムが欠かせません。内部統制とITシステムの関係を示したものが図5です。

業務そのものに利用されるITシステムと、ITシステム全体に対して品質を確認し、適切に運用されていることを保証するITシステムの統制も求められます。

ITシステムの品質を確認、管理してこそ、データの正確性や正当性が保証されると考えられているのです。

ITシステム全般の品質確認事項

・ 準拠性
  会計基準、関連法規社内規定に合致している

・ 可用性
  情報が使える状態に有り、万一障害があっても復旧が容易にできる

・ 機密性
  情報に対して正当なアクセス権限者以外に利用されないよう保護されている

■図5　内部統制とITシステム

企業の
ITシステム
┬── 情報と伝達など業務レベルの統制
└── 全社レベルのITシステムの統制

　内部統制では、ITシステムの開発、運用過程も検証する。IT投資計画と技術方針の決定、外部委託する場合の選択方針や社内での職務分担、情報システム担当者の管理状況なども整備されなければなりません。経営の一部として、ITシステムを位置づけ、運用することが求められています。

● ITシステム利用者が守るべき倫理

　企業がITシステムを整備しただけでは、内部統制は達成できません。内部統制の定義にあるように、「組織内のすべての者によって遂行されるプロセス」ですから、ITシステムの利用者である社員や関係者、すべての人がルールを守って利用することが大切です。

　企業には、企業全体としての規定やルールなどから作られている「企業倫理」があり、業務に関係する情報の扱いに関する「情報倫理」がその中に入っていると考えられています。ITシステムを構築し、運用する情報システム部門などの情報処理技術者だけでなく、利用者の情報倫理も確立しておくことが必要です。

■図6　企業倫理と情報倫理

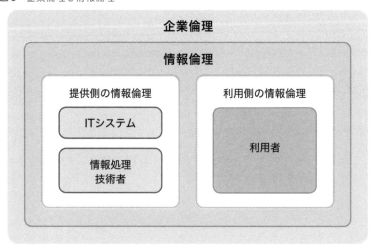

情報セキュリティポリシーを守る

　利用者として正しくITシステムを利用するための規定として、組織で規定するのが「**情報セキュリティポリシー**」です。この中では、どのように情報を扱い利用するかを具体的に規定します。企業だけでなく、大学でも情報セキュリティポリシーを規定し、公開している場合もあります。所属している組織が、情報を扱う方針をどのように立て、実行しているかを知り、守るために目を通しておくとよいでしょう。

企業の内部統制と自由

　企業ではITを活用して内部統制を実行するために、さまざまな仕組みやITシステムを導入しています。

　ICカードや、指紋や指静脈、網膜、虹彩、顔などの生体認証技術を使って入退室の管理をし、関係のないフロアや部屋へ出入りできないようにするといった仕組みもその1つです。従業員のメールのログ（記録）を残す、アクセスできるWebに制限をかけるといったシステムを導入している企業もあります。職務や部門によって、利用できる権限を変えてルールを作り、運用している企業がほとんどです。

　ただし、個人情報とプライバシーでも述べたように、利活用と制限のバランスを取ることが重要です。基本的なルールを守った上で、どこまで自由に多様な情報を業務の中でアクセスするか、ルールを破った場合の罰則をどのようにするかなど、企業にとっても各種の規定や情報セキュリティポリシーの継続的な見直しが求められています。

　また、情報に携わる全員がセキュリティポリシーを理解し、適切に扱うよう、継続的な教育や評価、改善に取り組んでいくことが大切です。

10

■ 図7　情報セキュリティポリシー

・情報セキュリティポリシーとは、企業や大学、自治体などの組織における情報資産の情報セキュリティ対策について総合的・体系的かつ具体的にとりまとめたもの

例

・どの情報を誰にアクセスさせ、誰にアクセスさせないか

・どの操作を誰に対して許可し、誰に許可しないか

・ウイルスや外部からの侵入に対して、どのような防御体制を整えるか

・それらが正常に機能していることをどのように確認し、維持管理していくか

参考文献、Webサイト

・『会社法』法令検索　e-GOV
　https://elaws.e-gov.go.jp/document?lawid=417AC0000000086
　｜法令サイトの「会社法」のページです。

・『会社法の一部を改正する法律について』法務省
　https://www.kojinbango-card.go.jp/
　｜一部、改正された会社法の概要を読むことができます。

・『コーポレートガバナンス・コード』東京証券取引所
　https://www.jpx.co.jp/equities/listing/cg/tvdivq0000008jdy-att/
　nlsgeu000005lnul.pdf
　｜コーポレートガバナンス・コードを冊子にまとめ、PDFで公開しています。

・『情報セキュリティガバナンス確立促進事業』経済産業省
　https://www.meti.go.jp/policy/netsecurity/secgov.html
　｜情報セキュリティガバナンスの定義や企業にとっての必要性などがまとめられています。

・『政府機関等のサイバーセキュリティ対策のための統一基準群』内閣サイバーセキュリティセンター
　https://www.nisc.go.jp/policy/group/general/kijun.html
　｜政府の統一的なサイバーセキュリティの考え方がまとめられ、公開されています。

第 11 章

科学技術と倫理

科学技術は、人類にとって進歩や経済の発展をもたらします。一方で、戦争や汚染など、不幸な結果にもつながることがあります。IT技術の進歩についても、監視社会を生み出したり、プライバシーの点で不安をもたらしたりするなど、新たな課題もあります。科学技術の進歩と倫理、あなたはどう考えますか。利用者としてどのような知識や視点を持つべきか知っておきましょう。

◉ 科学技術は、人間の使い方次第

　よく研いだ包丁は美味しい料理を作るために使うことができます。しかし一方で、使い方によっては、人を傷つけることにも使えます。火は、暖を取ることにも使えますし、誰かの家に放火することにも使えます。科学技術も同じことで、使い方によって社会を幸せにも、不幸せにもできます。

　たとえば、**GPS**（Global Positioning System）の技術は、カーナビやスマートフォンの地図アプリに活用される一方で、巡航ミサイルの誘導にも使われます。インターネットは、第2章でも述べたように特定の通信路が爆撃で遮断されても問題なく通信できるための仕組みであるARPANETが元となっているといわれています。最古のコンピュータの1つであるENIACは、もともと砲撃用弾道計算機として生み出されました。現代のWebで用いられている、ある文字列をクリックすると別のページに飛ぶことのできる「**ハイパーテキスト**」の概念は、「memex（メメックス）」というアイデアの影響を

■ 図1　包丁も技術も使いよう

料理に使って人を
幸せにする

犯罪に使って人を
傷つけ不幸にする

強く受けています。memexを提唱したヴァネヴァー・ブッシュは、もともと原子爆弾を開発したマンハッタン計画の中心人物でした。彼はマンハッタン計画に従事した経験を元に、大量の情報をどう処理するか、人間の思考を拡張するにはどうしたらいいかと考え、memexを提案しました。

　以上のように、現在のコンピュータや、私達が便利に使っている機械には、軍事技術の影響を強く受けているもの、あるいは軍事技術を平和利用に転用したものが多くあります。

◯ 原子力を人間はどう使ったか

　ドイツの理論物理学者アルベルト・アインシュタイン博士は、あるインタビューで、「第二次世界大戦は原子爆弾を用いて戦争が行われましたが、第三次世界大戦はどのような戦争になりますか?」と問われ、「第三次世界大戦については分かりません。しかし第四次世界大戦ならば分かります。それは石とこん棒で戦われることになるでしょう」と言ったと伝えられています。アインシュタイン博士はのちに、イギリスの哲学者、バートランド・ラッセルとともに、当時のアメリカとソビエトの水爆実験競争の世界情勢に対して、核廃絶を訴えた「ラッセル＝アインシュタイン宣言」を提出しています。

◯ 公害が生み出した病気と社会問題

　このほか、科学技術によって社会に大きな被害を与えてしまったものに、**公害**の問題があります。たとえば日本高度経済成長期、つまり1950年後半から1970年代にかけて、公害により大きな被害が発生しました。そのうち被害の大きかったもの4つ、「水俣病」「新潟水俣病」「イタイイタイ病」「四日市ぜん息」を、「四大公害病」と呼びます。

　とくに水俣病は科学技術の倫理の問題としてしばしば扱われます。1959年には、既に熊本大学の医学部が、水俣病の原因に有機水銀があることを公表しました。病気が発覚した初期の段階で、ある工場から排出される排水が

水俣病の原因である疑いが濃厚であると発表されているにもかかわらず、別の学者は僅かな調査を行っただけで、有機アミンが原因という別の説を唱えました。その結果、世論等も混乱し、政府も、企業も、長期間適切な対応を取ることをしませんでした。政府が水俣病と水銀の因果関係を認めたのは随分先の1968年になってからで、その間もたくさんの人々が被害に遭いました。工場の排水と病気に関して因果関係が証明されない限り、工場の責任は証明されないという考え方によって、大量の被害者を生み出したといってよいでしょう。水俣病は、科学者の倫理とは何か、企業の倫理とは何かという大きな反省を促しました。

　現代のわたしたちにとって身近な話をすると、皆さんはスマートフォンや携帯電話を使っていると思います。昔は誰かとの待ち合わせのために、事前にきちんとした打ち合わせをして、その時刻通りにその場所に到着しておく必要がありました。けれども今では、携帯電話での連絡によって、厳密な事前打ち合わせをする必要はなくなり、また、集合場所に来ない相手を心配することも少なくなりました。その一方で、このようなコミュニケーションのツールは、「相手と繋がっていなければならない」という強迫観念を産み、しばしば相手の心を慮るあまりに、自分が消耗してしまうケースが見られます。SNS疲れといわれるものは、その代表格でしょう。

　科学技術の進展は、しばしばわたしたちの生活と衝突すると言われています。前述のように、科学技術の発展には、もともと軍事テクノロジーとして用いられていたものが多くありました。軍事テクノロジーを平和転用したものが、いまの我々の生活を支えていることは事実です。また、家庭用のものであっても、今では軍事に転用できるものは沢山あります。たとえば、SONYのPlayStation2の軍事転用の可能性が問題になったことがありました。ゲーム機の中に含まれる高度な画像処理装置はミサイルの誘導装置として転用できる可能性があり、外国為替及び外国貿易法上の通常兵器関連汎用品に該当するとされ、輸出が規制されたこともあったのです。ウクライナ戦争で用いられたドローンにも、安全保障貿易管理体制をすり抜けて、日本の

中小企業の製品が用いられていたと言われています。

　ほかにも現代では、以前では想像もできなかったような様々な問題が指摘されています。たとえば、遺伝子検査が昔より簡単に行えるようになっており、このサービスを提供する会社が多く現れてきています。遺伝子検査の会社から送られてくるキットの指示に従って会社に唾液を送ると、遺伝子検査の会社はあなたの遺伝子を解析します。その結果、あなたは○○の病気にかかる可能性がありますといった疾病リスクを教えてくれます。これは一見良いようにも見えますが、たとえば結婚候補の相手に対して、相手が寝ている際にその唾液をこっそり採取して、「あなたの結婚相手は将来○○の病気を持つリスクがあり、また、この結婚においてあなたたちの子孫には○○の病気が…」と報告されることは、果たして本当に良いことなのでしょうか。たしかに将来のリスクを計算するには、良い部分もありますが、悪い部分もおそらくあるでしょう。

● 技術決定論と社会決定論

　科学技術と社会に関して、しばしば引用される概念に「**技術決定論**」という概念があります。これは、社会は技術によって変化するとか、新しいテクノロジーは、世界を大きく変えていく、という発想になります。ITやICT（Information and Communications Technology：情報通信技術）の発展によって社会が飛躍的に革新される…という言い方は、耳にしたこともあるかもしれません。これら、技術は社会を変える、という発想を技術決定論といいます。

　技術決定論の概念に対しては、しばしば批判が行われます。技術は必ずしも社会を変えるというわけではない。技術は社会を変えるといっても、「社会的な普及」がなければ、社会の変化は起こらない。だから、技術が社会を決定しているのではなく、その技術を受け入れるかどうかは人々の社会にかかっている。このように、技術決定論を批判する議論は多くあります。このような立場を、「**社会決定論**」と呼びます。

　技術決定論の言う、新しいテクノロジーが社会に強いインパクトを与え

ることは、確かに事実です。しかし、新しいテクノロジーを使いこなすの
も、我々であって、これは社会決定論です。科学技術を盲目的に信奉するこ
とと、科学技術を理解しようとせずに脊髄反射で科学技術を批判すること
も、どちらもバランス感を欠いてしまいます。

科学に対する信頼性

　平成29年（2017年）に行われた、内閣府による「科学技術と社会に関する
世論調査」という調査があります。この調査によると、科学技術についての
ニュースや話題に関心の有無について尋ねると、「関心がある」とする者の
割合が60.7％、「関心がない」とする者の割合が38.4％となっています。ま
た、「社会の新たな問題は、科学技術の発展によって解決される」という問
いに対し、「そう思う」とする者の割合が73.7％、「そう思わない」とする者
の割合が20.7％など、社会の諸問題の解決に対する科学への期待感が見られ
ます。さらに、科学者や技術者の話は信頼できると思うかという問いに対し
て「信頼できる」とする者の割合が78.6％、「信頼できない」とする者の割合
が15.0％と、信頼している傾向にあることがわかります。

　一方で、科学の発展に対する不安感も認められます。たとえば、「科学技
術の発展で不安を感じること」という問いに対して、「サイバーテロ、不正
アクセスなどのIT犯罪」を挙げた者の割合が61.0％と最も高く、以下、「地
球温暖化や自然環境破壊などの地球環境問題」（52.2％）、「遺伝子組換え食
品、原子力発電などの安全性」（49.5％）、「クローン人間を生み出すこと、
兵器への利用などに関する倫理的な問題」（43.7％）といった問題に対する回
答が多く行われています。科学技術に対して信頼感を持っているものの、倫
理的な問題等に関する不安感も同時に存在しているといえるでしょう。

技術者の倫理

　科学技術の倫理は、なぜ必要なのでしょうか。
　我々は高度に分業化された社会に生きています。そのため、使われてい

る技術に対し、いちいち細かく自分で判断することは難しくなってきています。たとえば、国道に架かっている橋を渡る際に、その橋は安全か、そうでないかを毎回、個人が判断することは事実上不可能です。技術者の人々や技術を信頼しないと社会は円滑に回りません。技術に関係する人々がモラルを持っていると信頼できるからこそ、我々も信頼して技術者の作ったものを使うことができるのです。また、技術者にとっても、技術者倫理をわかりやすく述べることによって、人々の信頼を勝ち取ることができます。

　医者に道路工事の方法を尋ねる人はいないように、私達はある分野においては専門家であったとしても、別の分野になると、非専門家になるケースが多くあります。あらゆる分野に通じる専門家が存在しない以上、各専門分野に属する人々は、自分たちの分野はこのようにモラルを守っていますよ、と伝えることが必要になるのです。また、研究者や技術者の良心と、企業や組織の方針が食い違う時などに、科学技術の倫理をおさえておくことは役に立ちます。たとえば、ある建物を建てる際に、強度は足りなくとも価格が安い鉄骨を使え、と上司に命令されたとします。技術者としてのモラルと上司の命令という狭間に追い込まれたとしても、技術の倫理ということを押さえておけば、技術者としての良心を貫くことができるのです。「技術士法」という法律でも、「技術士又は技術士補は、その業務を行うに当たっては、公共の安全、環境の保全その他の公益を害することのないよう努めなければならない（技術士等の公益確保の責務）」と明記されるようになりました。

　マイケル・ギボンズという科学社会学者は、「**モード論**」という議論を提出しています。この中で、現代の科学技術の発展や、社会と科学の関わりについて、類型化した図式を紹介しています。ギボンズは、昔は、研究や開発は専門家集団のみで、限られた場所、たとえば大学や専門の機関といったところで行われていたといいます。ギボンズはこれをモード1と呼びました。一方、現在では大学や専門の機関に限らず、社会全体や市民とともに、研究や開発が行われているとギボンズは指摘します。これをモード2と呼びます。ギボンズは、現代はモード1からモード2へ変化したと論じています。モード1

の世界では、自分たち専門家集団だけで通用する論理だけでよかったのですが、モード2となるとそうはいきません。モード2の中での科学技術は、専門家集団のみならず、人々とともにあるのです。だからこそ、人々に分かる形で科学技術と倫理が、現在より要請されるようになっているのです。

防犯カメラによる監視問題

具体的に、技術が社会と衝突を起こしたケースを紹介しましょう。

防犯カメラは犯罪抑止力になる、あるいは捜査に役立つとされていますが、プライバシーの侵害ではないかという議論が多くあります。

情報通信研究機構（NICT）は、大阪駅一体の防犯カメラを用いて、人々がどのように動いているか、どのように滞留しているかということを明らかにする実験を計画していました。しかし、プライバシーの侵害ではないかという懸念が広がり、NICTは2014年3月、この実験を延期すると発表しました。防犯カメラのデータから顔の部分を自動認識し、人々の動きを追跡することで、大規模災害のときの避難方法などに役立てるという計画でした。しかし、大阪駅付近を通勤等で通過する以上、実験への拒否ができないという懸念が多く寄せられました。

NICTは第三者委員会である「映像センサー使用大規模実証実験検討委員会」に依頼し、防犯カメラの映像をどのように取り扱うかという検討を行いました。その結果、一般利用者が入れないエリアのみに限り、かつ同意書によって同意が得られた人のみを対象にするという扱いで、おおよそ50人程度と当初の計画よりも小規模で実験を行うことになりました。NICTの当初の実験計画は、利用者のプライバシー意識を読み誤っていたという指摘がなされています。

ビッグブラザー／リトルシスター

ビッグブラザーという概念があります。これは、SF作家、ジョージ・オーウェルが1949年に刊行した『1984年』という小説に登場する架空の人物の

ことです。このSF小説は、あらゆる人々が監視されている全体主義の国家を描いたものとして有名です。権力による「一望監視システム」を批判する際に、ビッグブラザーという概念はよく引用されます。警察の自動車ナンバー自動読取装置（通称、Nシステム）などに対して、これは権力による我々への監視ではないか、という批判が寄せられることも多くありました。さらに、近年の顔認識技術の向上に伴い、個人を識別することも容易になっています。それによって、防犯、監視という目的以上に、たとえば商品の売り場の動線をより上手く設計するためといった形でも使うことができるようになりました。

　従来、防犯カメラや監視カメラは、権力によるプライバシーの侵害という形で批判されるケースが多くありました。さらに、近年では権力ではなく、我々自体による相互監視も、より容易に行えるようになってきています。これをビッグブラザーになぞらえ、**リトルシスター**と呼ぶ人もいます。

11

■ 図2　監視（防犯）カメラに関する区民意識調査・実態調査集計結果

問1　あなたは、最近、監視（防犯）カメラが増えていると思いますか（○は一つ）

NO.	項目	回答数	%
1	かなり増えていると思う	626	28.0
2	若干、増えているように思う	834	37.3
3	あまり増えているとは思わない	478	21.4
4	増えているとは思わない	251	11.2
	無回答	46	2.1
	全体	2,235	100.0

問3　あなたは監視（防犯）カメラによって無差別に撮影されているという不安感がありますか（○は一つ）

NO.	項目	回答数	%
1	強い不安感がある	162	7.2
2	若干の不安感がある	606	27.1
3	あまり不安感はない	682	30.5
4	不安感はない	760	34.0
	無回答	25	1.1
	全体	2,235	100.0

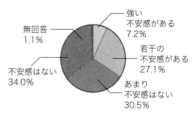

監視（防犯）カメラに関する区民意識調査・実態調査集計結果（平成15年9月杉並区区長室総務課）
http://www2.city.suginami.tokyo.jp/library/file/sg_cmrkg02_03.pdf から作成

🌀 科学技術を利用する側として

これまでは、技術者といった、科学技術をつくる人たちに必要な倫理の問題を紹介しました。一方で、科学技術を「利用する」わたしたちにとっても、倫理を考えることは必要です。

近年、わたしたちは手軽に情報発信をすることができる環境にあります。冒頭の包丁のたとえのように、便利な技術は容易に人に迷惑をかけるためにも使えます。

IPA（独立行政法人情報推進機構）が2021年に行った、13歳以上のSNS等における投稿経験者を対象としたアンケートでは、ネガティブな投稿経験があると答えた人は17.7%でした。また、なぜそのような問題のある内容を投稿したのか、という理由を尋ねる質問については、「反論したい」が24.9%、「人の投稿を見て不快になった」も24.9%、「非難・批評のため」が24.0%で

■表1　ネテガィブな投稿をした理由

		n	人の意見に反論したかったから	人の意見を非難・批評したかったから	人の投稿やコメントを見て不快になったから	相手に仕返ししたかったから	炎上させたかったから	誰かがやるべきことだと思ったから	皆がよくやっているから	イライラしたから	匿名性が確保されており、自分が投稿したことが分からないから	好奇心や面白さから	注目されたかったから	なんとなく、特に何も考えずに	その他	特に理由はない
	全体	884	24.9	24	24.9	10.6	6.4	11.8	5.8	18.7	7.8	7.8	4.1	11	11.7	10.7
性別	男性	567	28	28	26.6	10.9	7.8	14.1	5.8	15.2	7.8	8.1	4.8	10.2	10.2	10.4
	女性	317	19.2	16.7	21.8	10.1	4.1	7.6	5.7	24.9	7.9	7.3	2.8	12.3	14.2	11.4
年代別	10代	78	33.3	25.6	32.1	15.4	9	11.5	14.1	11.5	3.8	10.3	3.8	11.5	2.6	6.4
	20代	242	22.7	22.7	26.4	11.6	6.6	6.6	5.8	24.8	7.4	9.5	5.4	12.8	5.4	14.5
	30代	221	26.7	25.3	26.7	11.3	5.9	13.6	6.8	25.8	11.3	8.1	4.1	10	9.5	8.6
	40代	192	26.6	30.2	23.4	9.9	8.3	15.1	3.1	14.1	5.7	7.3	3.1	10.4	14.6	7.3
	50代	90	20	15.6	18.9	7.8	4.4	13.3	4.4	12.2	8.9	6.7	3.3	11.1	25.6	13.3
	60代	42	19	14.3	11.9	7.1	—	11.9	2.4	—	7.1	—	4.8	9.5	26.2	16.7
	70代以上	19	15.8	15.8	26.3	—	5.3	15.8	—	5.3	5.3	—	—	5.3	26.3	15.8

2021年度 情報セキュリティの倫理と脅威に対する意識調査【倫理編】より作成
https://www.ipa.go.jp/files/000096684.pdf

した。ネガティブな投稿を行う理由として、女性より男性の方が「誰かがやるべきことだと思った」と回答した割合が高く、「イライラした」という回答は女性のほうに多く見られました。総じて、男性のほうがネガティブな投稿経験の割合が高いことが示されています。

● ゆでガエルと不安

　総務省 (2021)「ウィズコロナにおけるデジタル活用の実態と利用者意識の変化に関する調査」では、デジタル化が進んでいない主たる理由として「情報セキュリティやプライバシー漏洩への不安があるから」(52.2%) という回答が示されています。また、令和3年版『情報通信白書』でも、我が国のデジタル化が後れた原因として、従来は対応が不要であった情報セキュリティ等の新たな脅威に対する不安を挙げています。

　カエルは、いきなり熱湯に入れると驚いて逃げ出しますが、常温の水か

■図3　デジタル化が進んでいない理由

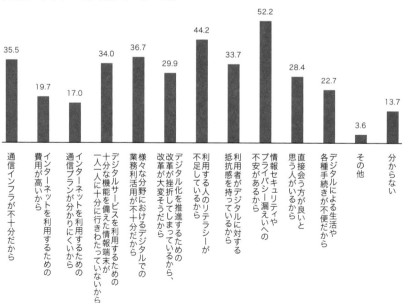

2021年度 ウィズコロナにおけるデジタル活用の実態と利用者意識の変化に関する調査（総務省）より作成
https://www.soumu.go.jp/johotsusintokei/linkdata/r03_01_houkoku.pdf

ら徐々に水温を上げていくと逃げ出すタイミングを逃し最後には死んでしまうという「ゆでガエル現象」の比喩があります。『情報通信白書』では、現在の日本では、デジタル化に十分対応しなくても、国民生活や社会活動を維持できているように見えるが、しかしそれは（不安ゆえの）変化に対応できておらず、既に危機的な状況に陥っている「ゆでガエル現象」が生じている可能性があると警告しています。

● 科学技術を理解して伝える

　科学者であり、随筆家でもある寺田寅彦（1878〜1935）は、「ものをこわがらな過ぎたり、こわがり過ぎたりするのはやさしいが、正当にこわがることはなかなかむつかしい（「小爆発2件」『寺田寅彦随筆集　第五巻』より）」という言葉を残しています。科学技術の倫理について、利用者は科学技術についての理解が必要であり、また、専門家は、自分たちの倫理を専門外の人にわかりやすく伝えることが必要になるのです。

参考文献、Webサイト

- 『第6期科学技術・イノベーション基本計画』 内閣府
  https://www8.cao.go.jp/cstp/kihonkeikaku/index6.html
  > ELSI（Ethical, Legal and Social Implications/Issues。倫理的・法的・社会的な課題。エルシーと読む）への対応が述べられています。

- 『情報通信白書』 総務省
  http://www.soumu.go.jp/johotsusintokei/whitepaper/
  > 情報通信分野の動向や各種の統計をまとめ、毎年発行しています。過去の白書は、昭和48年のものから見ることができます。

- 『2021年度情報セキュリティに対する意識調査【倫理編】【脅威編】』報告書 IPA
  https://www.ipa.go.jp/security/economics/ishikichousa2021.html
  > 情報処理推進機構（IPA）が実施しているサイバーセキュリティにおける脅威の認識と対策の実施状況と、ネットモラルに対する現状把握の調査結果が示されています。

- 『現代社会と知の創造──モード論とは何か』 マイケル・ギボンズ、丸善、1997年
  > 以前と現在では、どのように知的活動が行われる領域が変わってきたか、ということを論じています。

- 『科学技術倫理オンラインセンター』 名古屋大学
  http://www.info.human.nagoya-u.ac.jp/lab/phil/OCSTE/
  > 科学技術と倫理にまつわる論文や事例を提供しています。科学技術と倫理について考えてみる練習問題も豊富に掲載されています。

- 『寺田寅彦随筆集 第五巻』 寺田寅彦、岩波書店、1963年
  > 夏目漱石と交流があり文学者も目指した筆者の随筆集です。専門の物理学だけでなく、幅広い領域に造詣が深く、随筆集は長く、読み継がれています。

11

第 12 章

ビッグデータと
AIの倫理

AI（人工知能）は、ICT分野の中でも近年、飛躍的に進化している領域です。人が考えるように、コンピューターのシステムが判断し、適した解を出してくれるAIは、多様な分野で活用されています。この章では、AIとはそもそもどのような技術なのか、人に代わって判断をすることの危険性、どのように活用すべきだと考えているかについて解説します。また、人工知能がより賢くなるための大量のデータ、「ビッグデータ」についても、理解しておきましょう。

● ビッグデータと倫理

　WWW（World Wide Web）や検索エンジン、SNSの利用拡大、さらに社会生活の中でも小売店などでのPOSシステムの導入や、空間センサー技術（監視カメラなど）の広がりなどを通じて、デジタル化される情報の「量」が劇的に増加し続けています。特にさまざまな局面での人間の行動を一定の書式にしたがって記録するデータの増大は、従来のような個別のデータを対象とした分析の枠組みを超えて、新たな情報利用の方式をも生み出してきました。このように、コンピュータ技術の進歩にともなって大量に蓄積され、利用に供されるようになってきたデータの総体を**ビッグデータ**と呼びます。用語として確立された定義はありませんが、ビッグデータ利活元年と言われた平成29年の情報通信白書では、「デジタル化の更なる進展やネットワークの高度化、また、スマートフォンやセンサー等IoT関連機器の小型化・低コスト化によるIoTの進展により、スマートフォン等を通じた位置情報や行動履歴、インターネットやテレビでの視聴・消費行動等に関する情報、また小型化したセンサー等から得られる膨大なデータ」とされています。このビッグデータを用いた新しいサービスや、新産業が創出されてきていることは、新聞などでも盛んに報道されているのでご存じの方も多いでしょう。

　ビッグデータの急速な発展に、現行の法体制は追いついていない側面があり、その中には「適法」ではあるが「適切」ではない情報の取り扱いがなされることもあるとも言われることもあります。このような問題は、必ずしも最近生まれてきたというものではありません。たとえば、検索エンジンの中にはキーワードサジェスト機能を備えたものが存在しています。あるキーワード（またはキーワードの一部）を入力することにより、その先に入力されるだろう語を推測して候補を表示する機能です。このような機能によって、人名を入力した時に本人が望まない過去のスキャンダルや、場合によっては無関係な情報が表示されることは、当該本人の権利侵害にもつながりかねない事態であることは容易に想像できるでしょう。

さらに、現代社会ではこのようなビッグデータは人工知能の基礎的なデータとしても注目されており、大量のデータを取り扱う者に求められる責任はますます高まっています。一方で、ビッグデータのビジネスへの利活用の端緒ともいえる現在の段階で、ビッグデータ活用に遅れをとることはビジネスチャンスを失ってしまい、事業の発展や進歩に取り残されてしまうのではないかという不安を感じる企業も多いことが予想されます。その結果、本人同意に基づけばどのような情報でも行うことが可能であるとか、利用規約への承諾があればいかなる取り扱いも認められるといった誤解など、脱法すれすれの利用も散見されるという指摘もあります。その意味で、「情報倫理」の観点からの検討がますます大きくなってきているともいえるでしょう。

● 人工知能の定義

　近年、**AI**という言葉がテレビや雑誌などでも盛んに取り上げられるようになってきました。AIは、Artificial Intelligenceの頭字語で**人工知能**を意味しています。人工知能がどのようなものであるかは専門家でも少しずつ意見が違っており、究極の目的として作られるような「(人間と区別がつかないような)人工の知能(を持った存在)」と捉える人もいれば、現状を示すような「人工(的に)(人間の)知能(を模倣する技術)」を意味すると考える定義もあります。また、人工知能というものはいつまでたっても生まれることはなく、人工知能という言葉は「この分野の最先端の研究」を意味する、と言う人もいます。ただ、いずれにしても人工知能が人間の知能活動の記録をコンピュータに蓄積し、それを模倣するところからはじまるということは共通しています。

　それでは、コンピュータに蓄積された記録を元に、人間の知的活動の結果を模倣するとはどのようなことなのでしょうか。コンピュータは、人間がどのように動作するかを指定することによって動く機械ですから、ある意味でコンピュータの動作はすべて知的活動を模倣していると言うこともできます。実際に過去に作成された人工知能の中には、ある条件に合致した時の反

12

応を多数蓄積しておき、見かけ上人間が対応しているように見えるシステム
なども存在していました。たとえば、1966年に作られたELIZA（イライザ）
は、入力された文章に含まれるキーワードを200ほど用意された定型文中に
埋め込んで表示することで、あたかも会話をしているかのような応答を行う
システムです。このようなシステムは「人工無能」などとも呼ばれ、基本的
にパターンマッチングを行っています。さらに、このようなパターンマッチ
ングによるシステムには、専門知識をルール化して組み込んだエキスパート
システムと呼ばれる人工知能も開発されてきました。その先駆的なシステム
であるMycin（マイシン）は1970年代に開発され、伝染性の血液疾患に関す
る500あまりの規則が組み込まれています。Mycinは、スタンフォード大学
での調査では65%程度の正解結果を表示していたとされます。これは、細
胞感染の専門医よりは低い正解率ですが、専門ではない医師の判定よりはよ
い結果だと考えられています。

機械学習と人工知能

　ただし、このようなルールを数多く設定して、人工知能を実現しようと
するのは簡単ではありません。これは、人間が知識やルールを体系化して整
理し、システムに組み込むことの困難さと実用レベルに達するルールを整備
するための労力の問題を考えると当然の帰結ともいえるでしょう。

　たとえば、「電車に乗り遅れれば次の電車を待つ」というルールを設定す
るのは簡単です。しかし、乗り遅れた場合には必ず次の電車を待つのが正解
とは限りません。次の電車までの待ち時間、電車に乗った先の用事の緊急
性、電車を降りてから必要な時間の見積もりと余裕、電車に乗る費用を誰が
負担しているのか、財布の中の小銭の持ち合わせなど、書き切れないほどの
要素を組み合わせて人間は意思決定を行っています。これらをどのように組
み合わせるのか、ルールの優先順位はどうなっているのかなど、たった1つ
の意思決定だけでも記述する内容は膨大になります。そもそも、どのように
ルールを記述するかさえ難しいと言えるかもしれません。これを広い範囲で

漏れなく準備するということは極めて困難な作業であることは納得していただけると思います。

　それでは、近年、人工知能が急速に発展してきたと言われているのは何故でしょうか。それは、どのようなルールを設定するかについての判断力が格段に向上したことによります。そのために使われる技術が**機械学習**と**ディープラーニング**（深層学習）です。

　機械学習とは、大量に蓄積されたデータに共通の特徴を分析することでルールを設定する技術です。このルールの設定には、従来から確率など、さまざまな手法が用いられてきました。たとえば、手書き文字を認識する場面を考えてみましょう。一般的には、文字を構成する「直線」「曲線」「交点」の有無と、その位置関係を明確にすることによって文字を認識させることができます。特に活字の場合には文字によって、これらの位置関係は一定の範囲内におさまることが多いですから、同じ文字の印刷結果を多数集めてきて、直線・曲線の始点や交点などの相対的な位置の範囲を測定し、正しい文字と違う文字の閾値を少しずつ精緻化していくことは可能で、まさに機械が学習しているともいえるでしょう。ただし、文字の特徴として考えられる項目は無数で、どの特徴について分析すれば良いかを決めるのは簡単ではありません。そこで、従来の機械学習では、識別に使うための特徴を人間が見いだして、機械はその値を調べていくということが行われてきました。

　しかし、手書き文字の場合には、筆記体に代表されるように、文字の前後関係などによって大きく形が崩されることがあります。このような文字を読むためには、直線と曲線の交点などだけではなく、直線同士の角度や曲線の曲率、線のかすれ具合などが関係してくるかもしれません。実はそれだけではなく、「文字がどのようなものであったか」という問題も関係してくる可能性もあります。人間が文字の判断をする際に用いる特徴は山のようにあり、その中には言葉で単純にはあらわせないような特徴もあるかもしれないのです。その中で人間が言語化できる特徴だけを対象に、機械学習によってルールを作っていたのが20世紀までの人工知能の手法だったわけです。す

なわち、かつての人工知能では、入力データをどのように分析するかという枠組み（モデル）自体を人間が現実世界の対象物を観察して設定（モデル化）していたのです。

ディープラーニングと人工知能

このモデル化を自動的に行うようにした技術がディープラーニングです。ディープラーニングでは、判断するための材料が無数にある中から、人間が無理にモデルを決定するのではなく、データから得られる多様な視点を、人工知能が自動的に取り出して影響を見ていきます（もちろんこのとき、判断材料として人間が考えた視点を含ませることもできます）。その上で、多様な視点の影響をダイレクトに結果に反映させず、ニューラルネットワークと呼ばれる手法を用いて、いくつかの段階を経て結果に結びつけるという仕組みを導入します。

たとえば手書き文字認識で、「ある特定の文字については掠れがなく濃い色で、逆に別の文字では色が非常に薄い」というデータを、ディープラーニング技術を用いて認識させたとします。このとき、人間の文字認識の過程では、全く意識しない色の濃さが、文字認識に影響を与える可能性があると、人工知能が判断することもありえそうです。この例では、「色の濃さ」という、人間がモデルとして想定していなかったものが、人工知能によって設定されるわけです。しかし人工知能の予測の中で、色の濃さがダイレクトに「どの文字であるか」を決定するのに影響するわけではありません。実は人間が全く意識しないところで、「感情的になれば筆圧が高くなり色が濃くなる」という法則があることはありえそうです。とすると、入力〜出力の中間の層に感情の高まりに対応する項目が設定され、色の濃さはそれに大きく影響を与え、文字の大きさは小さな影響を与える、といった関連づけがされるかもしれません。さらに、（文字だけは検出しにくい項目ですが）実は感情の高まりは、冠婚葬祭など、重要な場面で書かれた文字でよく検出される法則があり、さらに…と影響が伝わった結果、最終的に、「この局面で使われ

ることが多い文字である」と認識がなされるわけです。

　これは、あたかも「風が吹けば桶屋が儲かる」的な仕組みとも見えますが、実際のディープラーニングでは、各段階に人間が納得できる意味づけがなされることはなく（人間的に、無理にこじつけることができるものもあるかもしれませんが）、大量のデータを分析してみた結果として、「関連は分からないが、何段階を経てみて影響があると認識できた組み合わせ」を自動的に計算していくのです。このように、何がどうつながったのかわからないけれど、結果としてこのようなケースでは成功したとか、別のケースで失敗につながった、といった経験を積み重ねて学習することは、人間社会でもよくある話であり、このような経験の積み重ねこそが、人間の知識であるということができるかもしれません。その意味で、大量のデータとディープラーニングを用いた機械学習との組み合わせを、「人工知能」と呼ぶのはある意味で自然とも言えるでしょう。このディープラーニングのアイディア自体は、実は昔から存在していたのですが、近年になって大量データと高速処理という2つの環境が整ったことで、ようやく実用的に用いることができるようになりました。このように、ビッグデータが人工知能と結びつくことで、有用性の点でも倫理的な意味でも新たな段階にはいったということができるかもしれません。

◉ 人工知能はどこまで知能か

　人工知能はあくまで、人間が従来から行ってきた知的活動の記録をトレースして作動するだけの存在と捉えることもできます。蓄積されたデータの特徴を整理整頓した上で模倣するだけであり、そこには独創的な発見・発明や優れた創作の才などといった、人間の備える創作性はないということもできるでしょう。しかし近年、複数の画像を学習させてその画風を再現するAIが数多く見られるようになりました。さらに、文字列を入力すると、それに即した画像を生成するAIも開発されています。音楽の世界でも、2019年のNHK紅白歌合戦では美空ひばりが、2022年には50年前の荒井由実が人

工知能技術で再現されました。このような従来の「模倣」の概念ではおさまらない、「創作性のある模倣」を人工知能が可能にした時、これは創造性を人工知能が持ったということになるのでしょうか。この問題は知識というものに対する人々の理解に大きく影響を受けることになるでしょう。

● ビッグデータとプライバシー

　人工知能技術の発達を受けてビッグデータの利用局面は大きく変わってきました。ただし、ビッグデータといっても多様で、いくつかの観点から考える必要があります。中でも従来から議論されてきたのが、個人情報と同意の問題です。

（1）個人情報かどうか

　一般に、生きている人に関わる行動、購買、通信、健康などの情報を個人情報と呼びます。従来、このような情報は個人と結びつけられていることに大きな価値があり、各個人の属性に応じて商品の推薦を行うような仕組みが考えられてきました。しかし人工知能技術の発達などにともなって、個人が特定され得ない「匿名化されている情報やデータ」の取り扱いも大きな焦点になってきています。

　ビッグデータの利用という点から、この2つを区別することは非常に重要であると思われます。前者のデータについては、「各人の情報の処理のあり方は各人が決めるという基本的人権」と密接に関わる話ですが、後者は比較的自由な利用が認められるという考え方もあります。しかし、各データ単体では個人は特定できない場合でも、たとえば大量の情報を組み合わせることで個人を識別できてしまうケースもあり、注意が必要です。

（2）同意が得られている情報かどうか

　個人情報の利用を考える際、利用許諾が得られているかどうかというのは非常に大きい問題です。この点については「同意」と「禁止」の両面からの検討が必要でしょう。

　近年、多くのビッグデータ収集に関しては、利用者に対して同意を得るということが一般的になってきています。しかし、ビッグデータの利用範囲が広がり、簡単にはどのような利用に供されているのかわからない状況が生まれてきたとき、本当に包括的な同意が得られたといえるのかどうかは議論の余地がありそうです。たとえば、料理のレシピサイトにおいて位置情報の取得と利用が求められたとき、それを料理の提供以外のどの範囲まで利用可能かについては人によって意見は異なるでしょう。

　また、利用の禁止という側面については、実効性という問題が大きな問題としてありそうです。たとえば、Webページは一般に公開情報とされ自動収集の対象となることも多いですが、そこに「複製禁止」や「転載禁止」などの表記がある場合、利用約款が明示され閲覧以外の行為を禁止している場合に対応はどの程度まで可能でしょうか。もちろん、これらのWebページを手動で収集するのであれば、約款などを確認するのが妥当だと思われますが、自動収集などの場合にはそうした意思を確認することはほぼ不可能ともいえそうです。技術的な仕組みも含めた議論が必要でしょう。

● ビッグデータの法的規制

　もちろん、ビッグデータの利用に関しては上記の2つの点だけを考えれば良いというわけではありません。1980年に合意されたOECD（経済協力開発機構）の「プライバシー保護と個人データの国際流通についてのガイドライン」（Guidelines on the Protection of Privacy and Transborder Flows of Personal Data）では、個人データの収集と利用に関して、次の8つの原則を指摘しています。

12

①目的明確化の原則（Purpose Specification Principle）
　個人データの収集・利用の目的を特定し、明確に示して収集しなければならない

②利用制限の原則（Use Limitation Principle）
　本人に示した利用目的の範囲で利用しなければならず、同意がある場合などを除いて目的外に利用してはならない

③収集制限の原則（Collection Limitation Principle）
　個人データの収集は適法・公正な手段、かつ本人への通知・本人の同意を得て行われなければならない

④データ内容の原則（Data Quality Principle）
　収集された個人データは、正確・完全・最新でなければならない

⑤安全保護の原則（Security Safeguards Principle）
　安全保護対策により紛失・破壊・使用・修正・開示等から保護しなければならない

⑥公開の原則（Openness Principle）
　個人データ収集の実施方針、権利保護手続き、データの存在、利用目的、管理者等の情報を公開、明示すべきである

⑦個人参加の原則（Individual Participation Principle）
　本人に関するデータの所在及び内容を明示し、異議申立等の権利保全手続きを確保しなければならない

⑧責任の原則（Accountability Principle）
　個人データを収集、利用等する管理者は、諸原則実施の責任を負う

　この原則を受けて、日本では2005年に個人情報保護法が制定され、すべての地方自治体でも個人情報保護条例が制定されています。ヨーロッパでは、EUが2018年5月25日からGDPR（General Data Protection Regulation：一般データ保護規則）を施行しており、国際間での個人情報の移転の制限など、罰則もかなり厳しいルールが適用されるようになりました。アメリカでもGDPRを踏襲した「CONSENT法案」が提出され、世界各地で個人データの取り扱い規制が強まってきています。特にEUの法的規制、GDPRでは、我が国の個人情報保護法上の「個人情報」の概念よりもかなり広い範囲の情報を「個人データ」として保護する対象としています。法的規制を考えると

き、人工知能を使ったサービスが国際化してきている現状を考えると、単に日本の個人情報法だけではなく、世界的なルールの違いという点にも目配りが必要でしょう。

前にも述べましたが、ビッグデータ利用の難しさはビジネス利用に関する強い要望との調整が必要なところにあります。前述のGDPRにおいても「利用目的の追加の許容」、「保管期間の緩和」、「特別情報の取扱の許容」、「告知困難な場合の提供情報制限」など数多くの例外が設定されています。個人情報の保護と社会生活の改善のための利用という両方のバランスをどのようにとるかが重要な問題ととらえることができるでしょう。

● 人工知能と倫理

人工知能の発達は急速で、2045年にはAIが人間の知能を超える「シンギュラリティ」（技術的特異点）に達するという指摘をする人もいます。このようなAIの発達は、以下に述べるように、単なるビッグデータの利用とは異なる倫理的な問題を生み出してきました。

（1）責任面の問題

AIが起こした事故は誰のせいと言えるのでしょうか。自動走行システムを搭載した電気自動車が人身事故を起こしたとき、事故の責任は誰に帰するのかという問題は、よく議論されるテーマです。1970年代、Mycinは高い判定率であるにもかかわらず実際の医療現場では使われなかったのですが、そのときにもこの責任の問題が指摘されました。

責任の問題に関しては、人工知能に特有の話ではなく、人間が開発してきた各種の自動装置全般と共通する話であり、人工知能だけに特別な対応を求めるべきではないという議論もあります。しかし、大量のデータから導き出される結果であり、特定の側面を指定したわけではないから責任をとれないという主張は、社会に受け入れられるのでしょうか。実際の人間社会への応用を考えるとき、これは大きな問題となるでしょう。

12

（2）差別の問題

　人工知能研究の応用分野の1つとして広告があります。今やネットショッピングで人工知能によって推薦された製品を次々と表示するのは自然な光景ともいえるでしょう。技術的には、これは人工知能が個人の活動履歴に対して商品に結びつくラベルを設定するよう学習した結果にすぎないともいえます。しかし、行動に基づくラベル付けができるということは単に商品の推薦だけではなく、人々の行動に悪い意味でのレッテルを貼るということも可能であることも意味しています。現実に、2019年には就活情報サイトを運営する企業が、就職活動中の学生の行動（サイトの閲覧履歴など）をAIで分析して、内定を辞退する確率を推測して企業に販売していたと発覚しています。このような人工知能の利用は、どこまで認めるべきなのでしょうか。もちろん、人間が何らかの主義主張や行動によって差別されるのは許されることではありません。しかし、人事考課や昇進が上司の好き嫌いで行われることがサラリーマン社会では珍しくないならば、AIによる客観中立の評価の方が倫理的と考える人もいるかもしれません。その一方で、AIのブラックボックスが思わぬ不公平を生む恐れも十分にありえます。

　さらに、犯罪を予防するために犯罪者が事前に取り得る可能性が高い行動を予測し、それに該当する人を事前に監視するということも、技術的には可能です。このような活動は社会秩序の維持との関わりで肯定されることもあります。警察や公安がどの程度まで多くのデータを収集し分析していいか、さらにどのように使うところまで、人々は許容するのでしょうか。このような問題点は、社会の要望と個人の権利の両方の側面から考える必要があります。

（3）人間の行動を誘導する可能性に関する問題

　人工知能は、どこまで人間の行動に関与することが許されるのでしょうか。近年の認知科学、認知心理学、行動社会学などの研究で、人間の心の弱さに関する研究も進んできました。人が物事を判断する場合においては、個人の

常識や周囲の環境などの種々の要因によって非合理的な判断を行ってしまう認知バイアスが存在することなどが明らかになっています。この認知バイアスを利用し、人工知能によって人々の意思決定に影響を与える広告を行うことが、日常的に行われています。人々の行動を記録したビッグデータが蓄積されればされるほど、人工知能はより正確に人々の反応を予測できるようになり、これに基づいて購入行動につながる意思決定へと誘導することも可能となります。さらに、私たちの判断が製品の購入だけにとどまらず、さまざまな局面で人工知能に依存するようになる将来さえ、空想とはいえないかもしれません。歴史上でも数多く出現した独裁者が、歯止めのための仕組みがないままに発達した現在のビッグデータと人工知能を手にしたならば、どのような社会になるのかは、考えるだけでも恐ろしい状況かもしれません。

（4）人間の尊厳に関わる問題

　人工知能が発達したとき、家族をはじめとしたまわりの人間よりも本人の行動を正確に予測できることも十分に考えられます。さて、ここで本人が終末期の医療に関する意思表明を行わずに、意識不明になった患者がいると仮定しましょう。現在、このような患者の医療方針を決定する際には、患者の家族・親族の希望や患者本人の性格などを考慮した上で倫理的判断が行われることになるでしょう。このとき、終末期の判断を行う人工知能が開発されており、患者が最も望むはずの医療が判断できたとすれば、これを利用することは望ましい治療方針の決定につながるのでしょうか。

　これは社会の変化の中で人工知能のシステムが、どのように受け入れられていくということにも関わるかもしれません。医療スタッフや親族が下すべきだった倫理的判断を人工知能にまかせるという、いわば究極の人間の判断は、ある意味で人間の尊厳にも関わる問題といえるでしょう。我々は人工知能にそのような判断を任せる社会を望ましいと考えるか否か。そのような社会のあり方を肯定するにせよ否定するにせよ、近い将来、活発な議論が必要となるでしょう。

人工知能と日本の法律

2022年4月1日からCookieの規制が導入されるなど、個人情報保護法の改正も行われ続けていますが、AIで契約書を作成して法的な問題点を指摘するサービスが弁護士法に違反する可能性があるかどうかや、AIが自動で作成したイラストに著作権が発生するかどうかが議論されるなど、AIをめぐり法律に定められていることと現実とのグレーゾーンはまだまだ大きいのが現状です。さらに、法律では決められない問題も存在します。たとえば、前述の内定辞退率をAIに予測させる行為自体は、倫理的に問題なのでしょうか。特に、技術的なハードルが下がり、そこに需要が存在してビジネスになるようになってくると、倫理感覚はそれまでの社会よりも格段に麻痺してくる危険性は高いことも考える必要がありそうです。

こうしたさまざまな議論を取り込む形で、人工知能学会は2017年、人工知能に関する倫理指針を策定しています。そこでは、AIの研究開発や利用の際に注意を払うべき条件として、(1) 人類への貢献、(2) 法規制の順守、(3) 他者のプライバシーの尊重、(4) 公正性、(5) 安全性、(6) 誠実な振る舞い、(7) 社会に対する責任、(8) 社会との対話と自己研鑽が述べられています。さらに、この倫理規定で面白いのは (9) 人工知能への倫理遵守の要請として「人工知能が社会の構成員またはそれに準じるものとなるためには、上に定めた人工知能学会員と同等に倫理指針を遵守できなければならない」としていることです。これは、今後の実用的なシステムの実現を見据えているともいえそうです。

今後の社会の変化と情報倫理

ビッグデータの集積と、これを用いた人工知能の発展は、人間の行動そのものを大きく変化させるインパクトをもっています。ある意味では、そのインパクトの強さゆえに情報倫理といった人間の心の活動に対する影響を考える必要性が高くなってきているともいえるでしょう。

ビッグデータと人工知能という文脈からは、個人情報の保護というイメージと結びつけて捉えられがちですが、今まで述べてきたように考えなければならない点は多岐にわたっており、またその社会に対する影響も大きいと思われます。今後、社会の変化とともに人々の判断や解釈も変わってくることも予想されます。この分野は今後の大きな情報倫理のテーマと捉え、継続して注視する必要があると思われます。

12

参考文献

- 『ビット・バイ・ビット』マシュー・サルガニック著、瀧川裕貴ほか訳、有斐閣、2019年
- 「ビッグデータの利活用とプライバシー・個人情報」 新保史生 『情報倫理の挑戦：「生きる意味」へのアプローチ』第5章　学文社、2015年
- 『人工知能は人間を超えるか　ディープラーニングの先にあるもの』 松尾豊、KADOKAWA/中経出版、2015年
- 『AI倫理 – 人工知能は「責任」をとれるのか』 西垣通、河島茂生　中央公論新社 2019年

第 13 章

デジタルデバイドと
ユニバーサルデザイン

情報通信社技術は、利便性が高い反面、それを使いこなせ
ない人もいます。情報機器が使えない、インターネットで
有用な情報にアクセスできない人もいます。こうした差は、
情報格差、経済的格差、そしてデジタルデバイドにつながっ
ていきます。誰もが使えるようにものやサービスをデザイ
ンする「ユニバーサルデザイン（UD）」の考え方は、デジ
タルデバイドを減らす1つの方法です。ユニバーサルデザイ
ンの考え方や事例を知り、情報機器やWebでの情報発信に
どのように生かせるかを考えていきましょう。

⏣ デジタルデバイドは何故起こる？

コンピューターはこの60年ほどで急速に発展してきました。インターネットについては、普及してから30年程度しか経っていない新しい技術です。そのため、年齢や地域、経験などによって、情報機器を使いこなしているかどうかに差が出てきています。

こうした情報を持つ者と持たない者との間に生じる格差、情報化が生む経済的格差を「**デジタルデバイド**」と呼んでいます。日本政府も経済発展と、国民の豊かな生活を実現するために、デジタルデバイドの解消に取り組んできました。

図1の総務省の「令和3年版 通信利用動向調査」の属性別インターネット利用率を見ると、2021年（令和3年）、中学生になる13歳から大学生にあたる19歳の層では、98.7％が利用しています。 20歳から29歳も同程度の98.4％です。 一方、60歳から69歳になると 84.4％と10％以上利用率が下がります。 80歳以上では、27.6％と約3割の人しか利用していないことがわかります。

世帯年収別でみると、年齢層ほどの差はありませんが、200万円未満の世帯では2018年は55.8％であるのに対し、600～800万円未満の世帯では92.6％と30％以上の差があります。

日本政府は2000年（平成12年）に、IT先進国を目指すために「e-Japan戦略」を打ち立て、全国に高速、大容量のインターネット環境であるブロードバンド回線を敷設しました。2010年（平成22年）末には、「ブロードバンド・ゼロ地域」はほぼ解消し、地域間格差なく、大都市でも地方でもインターネットにアクセスして情報を活用できる環境になっています。

一方、環境は整っていても、図1のグラフのように年齢層によってインターネットの利用率に差があり、高齢者ほどインターネットの利用率は依然、低い状況です。

■ 図1　属性別インターネット利用率

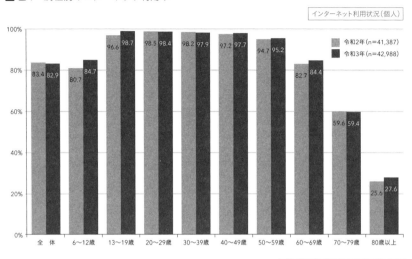

インターネット利用状況（個人）

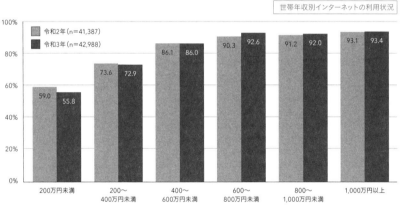

世帯年収別インターネットの利用状況

総務省「令和3年調査　通信利用動向調査」より引用
https://www.soumu.go.jp/johotsusintokei/statistics/statistics05a.html

🌐 世界での携帯電話によるモバイル通信の普及

　世界のインターネット利用状況を、総務省が発表している情報通信統計データベースのデータから見てみましょう。国際情報通信機関のITUのデー

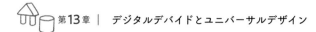

■ 図2 人口100人あたりのブロードバンド（固定）普及率の国際比較

（単位：%）

	2009	2010	2011	2012	2013	2014	2015	2016	2017	2018	2019	2020	2021
日本	25.7	26.6	27.9	28.3	28.9	29.6	30.5	31.3	32.0	32.9	33.8	35.1	36.1
中国	7.8	9.4	11.5	12.8	13.7	14.5	19.9	23.0	28.0	28.7	31.6	33.9	37.6
ドイツ	30.7	32.2	33.5	34.3	35.1	36.1	37.4	38.7	40.2	41.2	42.3	43.5	44.2
インド	0.6	0.9	1.1	1.2	1.2	1.2	1.3	1.4	1.3	1.3	1.4	1.6	2.0
韓国	33.6	35.2	36.3	36.8	37.4	38.0	39.3	40.1	41.1	41.2	42.0	43.1	44.3
メキシコ	8.7	9.4	10.1	11.3	10.9	11.0	12.3	13.1	13.8	14.8	15.5	17.9	18.4
台湾（中国）	21.7	23.0	23.8	27.8	30.1	24.2	24.1	24.1	24.1	24.1	24.5	25.4	26.6
英国	28.7	30.5	32.5	34.0	35.8	36.6	37.8	38.8	39.4	40.0	40.2	40.8	41.2
米国	25.9	27.2	28.1	29.2	30.1	30.4	31.5	32.3	32.8	33.3	34.2	36.1	37.7

（出典）「ITU World Telecommunication/ICT Indicators 2022」

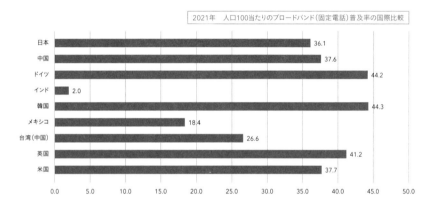

総務省　情報通信統計データベース「人口100人当たりのブロードバンド（固定）普及率の国際比較」より作成
https://www.soumu.go.jp/johotsusintokei/field/tsuushin08.html

タを元に、まとめられています。図2は、2021年のデータを元に、人口100人当たりのブロードバンド（固定）普及率の国際比較をグラフ化したものです。40％を超えているのは、カナダ、オランダ、ドイツ、イギリス、韓国です。米国は37.7％、中国は37.6％、日本は36.1％です。普及率が最も低いのはインドで2.0％、その他メキシコが18.4％と、欧米に比べて差があります。

　図3の人口100人当たりの携帯電話普及率の国際比較（2021年）を見ると、図2のグラフとは比例関係になく、各国の差が縮まっているのがわかります。インドは81.99％、メキシコは97.80％です。中国は121.51％と100％を

（単位：%）

	2009	2010	2011	2012	2013	2014	2015	2016	2017	2018	2019	2020	2021
日本	90.77	96.24	103.71	110.38	115.83	123.83	126.18	131.39	136.42	142.47	148.27	155.74	160.88
中国	55.80	63.72	72.67	81.38	89.32	92.85	92.70	97.36	104.23	116.39	122.81	120.60	121.51
ドイツ	129.21	108.70	111.64	113.31	122.47	121.59	117.41	125.67	132.77	129.68	128.93	128.89	127.56
インド	42.91	60.63	71.08	67.85	68.65	72.21	75.67	84.25	86.32	85.90	83.25	82.62	81.99
韓国	98.67	104.00	106.79	108.04	109.15	113.32	115.57	119.46	123.58	128.41	132.99	136.01	140.57
メキシコ	74.92	81.21	82.86	87.02	91.01	88.37	89.63	91.94	93.07	96.90	97.56	97.54	97.80
台湾（中国）	116.99	120.61	124.73	126.78	127.34	129.61	126.24	123.95	121.60	123.66	123.19	123.21	124.37
英国	122.87	122.26	121.93	122.76	122.35	121.13	121.50	120.22	119.73	118.75	120.85	117.82	118.57
米国	88.91	91.62	94.75	96.27	97.28	100.17	102.31	103.37	103.13	104.85	106.41	104.94	107.31

（出典）「ITU World Telecommunication/ICT Indicators 2022」

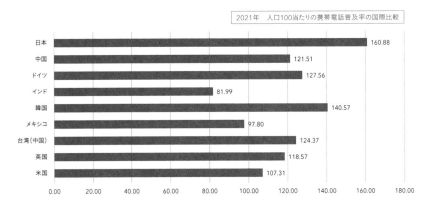

2021年　人口100当たりの携帯電話普及率の国際比較

日本 160.88
中国 121.51
ドイツ 127.56
インド 81.99
韓国 140.57
メキシコ 97.80
台湾(中国) 124.37
英国 118.57
米国 107.31

総務省　情報通信統計データベース「人口100人当たりの携帯電話普及率の国際比較」より作成
https://www.soumu.go.jp/johotsusintokei/field/tsuushin08.html

超える普及率となっています。スマートフォンによる電子決済が進む中国の状況が、数字から見えてきます。

　基地局を作れば通信することができる携帯電話は、光ファイバーなどのブロードバンドに比べて、費用をかけずに通信環境が整います。新興国では急速に携帯電話が普及し、人々が情報を共有することで、経済が変わったり、医療情報などの生活の課題解決の解消に使ったりと、社会が変化しています。

　多様化する世界では、先進国と新興国といった従来の傾向とは異なる状況が生まれてきています。インターネットの利用が世界中で進む半面、そこ

から取りこぼされている人々のデジタルデバイドが存在していることを知っておきましょう。

ただし、行政情報システム研究所で2021年に実施された「行政サービスにおけるデジタル格差の調査研究」の報告によると、デジタルデバイドは、ブロードバンドや携帯電話のようなインフラのみではなく、デジタルサービスの使いにくさ・分かりにくさも影響しています。

また、高齢者と一口にいってもデジタル利用の状況が異なります。「利用の目的や、周囲でサポートしてくれる人の存在が影響している。もしくは、仕事等で使わざるをえないケースもある」と記載されています。システムやサービスの使いやすさ、人が置かれた環境についても配慮が求められます。

◉ バリアフリーからユニバーサルデザインへ

情報機器は多機能なため、使い方を覚えるにはある程度の時間がかかります。物心がついたときから、デジタル機器が身近にあり、ネットワークにつないで利用することが前提となっている、10代から30代前半の若い世代に比べて、中高年やシニア層は利用が難しいと感じます。

情報機器だけでなく、私たちの周りにあるさまざまな製品やサービスは、一般的には健康で体力のある人向けに作られています。したがって、身体の一部の機能に障害があったり、あるいは年をとって力が弱ったりしている人にとっては、使いにくい、使えないものになっています。このような人々に向けた製品やサービスを「**バリアフリー**」製品と呼びます。バリアとなっている障害を取り除く製品という意味です。

障害を持っている人も、持っていない人も、誰もが使いやすくすることを、**ユニバーサルデザイン**（UD）と呼びます。コンピューター企業でユニバーサルデザイン関連部署に関わり、その後、独立してユニバーサルデザイン普及に携わり、著作も多い関根千佳さんの著作、『ユニバーサルデザインのちから 社会人のためのUD入門』では、次のように定義されています。

年齢、性別、能力、環境にかかわらず、できるだけ多くの人々が使えるよう、最初から考慮して、**まち、もの、情報、サービスなど**をデザインするプロセスとその成果

ミスターアベレージは誰か

ユニバーサルデザインの考え方は、米ノースカロライナ大学で建築学を教えていたロナルド・メイス博士が1980年代に提唱したものです。メイス博士自身が子どもの頃にかかった小児麻痺の後遺症で車いすを使っており、奥さんもまた車いすの使用者でした。自分たちの経験もふまえて、誰もが使える設備、ものづくりを考えました。別々に作ったり、後からバリアフリーにしたりするにはコストがかかる。それならば、最初から誰もが使えるように作ろうというものです。

■図4 ユニバーサルデザインの考え方

13

それまでのものづくりは、消費欲と活気がある若くて健康な人を対象としていました。ミスターアベレージと呼ぶ消費者像は、「18歳の健康な男性」でした。ミスターアベレージ用に作られたものは、多くの女性にとっては大きすぎて使いにくいでしょう。また、お年寄りには使うのに必要な力がないかもしれません。ものづくりに、ユニバーサルデザインを取り入れることで、多くの人にとって使いやすいものになります。

　米国で1950年代から続いた公民権運動もユニバーサルデザインにつながっています。この運動によって、人種や性別、年齢による差別撤廃が行われてきました。その流れで、障害による差別についても1990年に障害を持つアメリカ人法（ADA法）で禁止されたのです。障害を持つ人も差別されることなく、教育を受け、職に就けるようにするというものです。

　1989年ノースカロライナ州立大学に、後にユニバーサルデザインセンターとなるアクセシブルハウジングセンターが設立され、メイス博士が初代所長に就任しました。こうしてユニバーサルデザインの考え方が広がっていきました。

　日本で「ユニバーサルデザイン」の概念が広がったのは、1990年代後半。公共の場をバリアフリーからユニバーサルデザインの考え方で作っていこうとする考え方が行政や企業に広がっていきました。

● ユニバーサルデザインの7原則と事例

　メイス博士が提唱したユニバーサルデザインの考え方をもとに、建築家、工業デザイナー、エンジニアなどが関わってまとめたものが、図5の「ユニバーサルデザインの7原則」です。図では、各原則に、「公平」のようにキーワードとなる言葉を添えました。

　ユニバーサルデザインでは、これらすべてを兼ね備えていなければならないということではありません。製品や設備のデザイン、設計のプロセスで活用するとともに、利用者の教育、啓蒙にも使われています。

　ユニバーサルデザインの考え方でデザインされ、作られたものは、私たちの日常生活の中にも存在しています。たとえば、電気ポットや加湿器につい

ているコンセントには、マグネットが使われています。コンセントを入れたり、はずしたりするときに、押し込まなくても小さな力でできます。万一、コ

■図5　ユニバーサルデザインの7原則

ユニバーサルデザインの7つの原則

1. 誰にでも使用でき入手可能なこと …………… (公平)

2. 柔軟に使用できること ……………………… (柔軟)

3. 使い方が容易に分かること ………………… (簡単)

4. 使い手に必要な情報が容易に分かること …… (理解)

5. 間違えても重大な結果にならないこと ……… (安全)

6. 少ない労力で効率的に、楽に使えること …… (省力)

7. アプローチし、
   使用するのに適切な広さがあること ………… (空間)

■図6　ユニバーサルデザインの事例

13

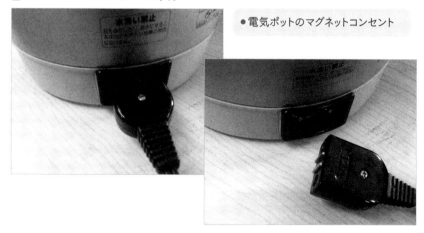

●電気ポットのマグネットコンセント

ンセントを引っかけてしまっても、マグネットの部分が簡単にはずれますから、ポットや加湿器が倒れて、熱湯で火傷をすることを防いでいます。力が弱くなったお年寄りが扱いやすいだけでなく、うっかり足をコードにかけてしまうといった誰もがするミスが事故につながらないように、マグネットコンセントが守ってくれています。ユニバーサルデザインの7原則の省力と安全を実現している例です。

　その他には、駅や公共施設に「誰でもトイレ」と表示されたトイレが設置されるようになってきました。車いすや介護者も一緒に入れるように、ゆったりとスペースを取ったトイレで、水を流すボタンや手を洗う洗面台の位置も低く、使いやすいように工夫されています。子ども用の椅子が置いてある場合もあります。小さい子どもを連れた人やベビーカーと一緒に入るお母さんを見かけることもあります。旅行帰りなどで大きな荷物を持っているときにも便利です。まさに誰にでも使いやすいトイレになっています。

　その他、車高が低く乗り降りがしやすいノンステップバスや、通路の幅を広くとった自動改札機など、身近なところにユニバーサルデザインの考え方で作られたものを見つけることができます。

　行政のサービスで利用している例もあります。静岡県は、ユニバーサルデザインに2000年（平成12年）頃から先進的に取り組み、継続しています。公園や施設のユニバーサルデザインの導入だけでなく、県からのお知らせの封筒でも、身近な情報の伝え方に工夫しています。県からのお知らせには、目立つロゴマークを付けた封筒を使い、他の郵便物に紛れないようにしています。さらに、税金などお金に関わる通知には、封筒の口を波形にし、触っただけで他と判別できるような工夫もしました。小さなデザイン上の工夫が、情報をわかりやすく、確実に伝えることにつながる良い例です。このようにユニバーサルデザインはお金をかけて、特別なことをするのではなく、誰もが利用しやすくなるモノやコトなのです。

　東京都では、「とうきょうユニバーサルデザインナビ（略称UDナビ）」として、都内の施設や交通機関などに関する、ユニバーサルデザイン情報とバ

リアフリー情報を集約したポータルサイトを提供しています。図7のように、文字の大きさやコントラストを簡単に変えられるようにし、それぞれの人にあった使いやすい工夫がされています。

　また、政府では2017年(平成29年)に、東京でのオリンピック・パラリンピック開催に向けた取り組みの1つとして「ユニバーサルデザイン2020行動計画」を発表しました。「世界に誇れる水準でユニバーサルデザイン化された公共施設・交通インフラを整備するとともに、心のバリアフリーを推進することにより、共生社会を実現する必要があります。」とし、関係閣議会議を重ねて、具体的な取り組みが行われました。

◉ 情報機器を使いやすくするための工夫

　デジタルデバイドが起こる理由は、年代によって情報機器に親しんでこなかったことや、多機能なため覚えるのに時間がかかることと、先に説明し

■ 図7　ユニバーサルデザインナビの Web サイト

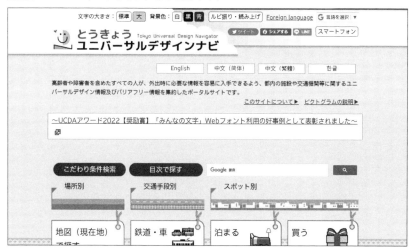

2019年11月にサイトリニューアルし、メニュー構成や画面をユニバーサルデザインの観点から改善しています。画面の文字にはユニバーサルデザインフォントが使われています
https://www.udnavi.tokyo/

ました。多機能な上に、操作すべてを画面で行うスマートフォンやタブレットは、初めて使う中高年世代には難しいものだと感じられるようです。画面を触って、使い方をどんどん見つけていく若い世代と対照的に、「どこをどう触っていいかわからない」、「画面の文字が小さすぎて読みにくい」といった声も聞かれます。

こうした声に対応して、画面に表示するアイコンの数を減らし、大きな文字表示になっている「らくらくスマホ」というような機種も登場しています。

パソコンでも、基本ソフトであるOSに画面のコントラストを設定する、カーソルを太くする、画面上のものを大きくするといった設定が用意されています。たとえば人によっては、白い背景ではなく黒に白い文字といったコントラストが強いほうが見やすいことがあります。こうした機能を利用し、使う人にあわせて設定を変えると使いやすくなります。

図8に示した、Windows11の「コンピューターの簡単操作」では、ハイコントラストへの切り替えや、一部を拡大して見られる「拡大鏡」を起動するといった操作しやすくするための機能を選べます。「ナレーターを有効にします」を選択すると、画面の表示を読み上げてくれます。

⚫ ウェブアクセシビリティを高める

企業や公共のWebページは、誰もが情報にアクセスしやすくなっていなくてはなりません。情報機器になれていない人も、小さな文字が読みにくいと感じるシニア世代も、Webを見るための補助的な機具やアプリケーションを使っている障害を持っている人も、誰もが情報にアクセスでき、利用できるようになっていること。これを「**ウェブアクセシビリティ**」と呼びます。

単に文字を大きくすれば、ウェブアクセシビリティが高まるということではありません。たとえば、全盲や弱視といった視覚障害者は、Webページの文字を「音声読み上げソフト」と呼ばれるソフトを使って読みます。文字で書かれたテキストデータは、日本語で読み上げてくれますが、画像で表現された部分は判別できず、読み飛ばされてしまいます。強調の意味で文字をデザ

インし、画像データにしていると、その部分を読むことができなくなるのです。ですから、画像に代替テキストを指定するなどの配慮が必要です。

　また、ある程度の年齢になると、色の判別能力が下がってくると言われています。色で差を付けたような情報の表現は、色弱や年齢の高い人にとってはウェブアクセシビリティが低いということになります。

　Web ページのデザインや制作に直接関わらなくても、Web ページを使った情報提供の機会は、今後みなさんにとって多くなるはずです。ウェブアクセシビリティを重視すると、障害者や高齢者だけでなくその他の人も利用しやすくなりますから、結果的にアクセス増加にもつながります。ウェブアクセシビリティのガイドライン作成やセミナーを行っている団体として、ウェブアクセシビリティ基盤委員会があります。日本産業規格(JIS)の規格JIS X 8341-3 が 2010 年（平成 22 年）8 月に改正されたことをきっかけに設立され、

■ 図8　Windows11の「コンピューターの簡単操作」設定画面

Windows システムツールから「コントロールパネル」を選択し、「コンピューターの簡単操作」を選択すると開けます

改正原案作成関係者や企業、省庁、ユーザーなどから構成されています。公式サイトで、ウェブアクセシビリティの基礎知識やガイドライン、セミナーでの配布資料などを見ることができます。Web制作に関わるときには、こうしたガイドラインを理解し、反映させていきましょう。

利用者中心（人間中心）のサービスデザインへ

2021年に創設されたデジタル庁では、「誰一人取り残されない」デジタル社会の実現に向けて、多様な利用者のニーズを効果的かつ効率的に達成できるよう利用者中心（人間中心）を原則とする行政サービスのデザインに取り組む活動が始まっています。

具体的には、デザインやウェブアクセシビリティの専門人材を採用したり、よりよいデザインの普及・啓発のため、「デザイン原則」や「デザインガイドライン」などのルール、ツール作り、デザインプロセスの整備が行われています。

■ 図9　ウェブアクセシビリティ基盤委員会サイトの「基礎知識」のページ

「アクセシビリティ」や「ウェブアクセシビリティ」とは何かを学ぶことができる
https://waic.jp/knowledge/accessibility/

アクセシビリティやユニバーサルデザインを考慮したユーザインターフェースを実現することで、デジタルデバイド改善が期待されます。

　第2章でも触れましたが、利用者中心（人間中心）のデザインの考え方の重要性は、日々増しています。

◯ インクルーシブな社会を目指す

　誰一人取り残さない社会を目指して、様々な取り組みが進められています。2021年5月に、「障害者差別解消法（障害を理由とする差別の解消の推進に関する法律）」が改正されました。国や地方公共団体などに義務付けられている合理的配慮の提供が、民間の企業にも義務化されることになります。2024年4月1日からの施行に向けて、製品やサービスの開発、雇用、オフィス環境の改善などさまざまな環境整備への取り組みがなされます。

　視覚、聴覚などの障害などさまざまなバリアがある人へも適切に情報が伝わるように配慮し、共生社会を目指しています。ウェブアクセシビリティを高めることは、「インクルーシブな社会」を実現するために、必須の取り組みだと言えるでしょう。デジタル庁のサイトでも、2023年11月に「ウェブアクセシビリティガイドライン」を公開し、具体的な方法を示しています。

13

参考文献、Webサイト

- 『ユニバーサルデザインのちから』関根千佳、生産性出版、2010年

  新社会人を主人公にしたストーリーで、ユニバーサルデザインが仕事や生活にどう関わっているのかを理解できるように書かれています。UD の第一人者である著者の経験に基づく考察も参考になります。

- 『静岡県のユニバーサルデザイン』

  http://www.pref.shizuoka.jp/ud/

  行政として早い時期からユニバーサルデザインに取り組んできた静岡県のユニバーサルデザインに関する Web ページ。県としての取り組みや事例の紹介が充実しています。

- 『とうきょうユニバーサルデザインナビ（略称 UD ナビ）』

  https://www.udnavi.tokyo/

  高齢者や障害者を含めたすべての人が、外出時に必要な情報を容易に入手できるよう、都内の施設や交通機関等に関するユニバーサルデザイン情報および、バリアフリー情報を集めたポータルサイトです。

- 『ユニバーサルデザイン 2020 関係閣僚会議』『ユニバーサルデザイン 2020 行動計画』首相官邸

  https://www.kantei.go.jp/jp/singi/tokyo2020_suishin_honbu/ud2020kkkaigi/

  https://www.kantei.go.jp/jp/singi/tokyo2020_suishin_honbu/ud2020kkkaigi/pdf/2020_keikaku.pdf

  2020 年（令和 2 年）開催の東京オリンピック・パラリンピック競技大会に向けた ユニバーサルデザインの取り組みと、その評価を議論した関係閣議会議のサイトと、2017 年（平成 29 年）に発表された行動計画の資料です。

- 『デジタル庁 ウェブアクセシビリティ導入ガイドブック』

  https://www.digital.go.jp/resources/introduction-to-web-accessibility-guidebook/

  デジタル庁が作成したウェブアクセシビリティの考え方、取り組み方のポイントを解説する、ゼロから学ぶ初心者向けのガイドブックです。

第 14 章

ソーシャルネットワーク
サービス（SNS）と情報モラル

　人と人とのつながりを支援するソーシャルネットワークサービス（SNS）は、学生、社会人ともに多くの人が利用しています。人と人とのつきあいが広がり、友人とのコミュニケーションが便利になるといったメリットがある反面、投稿がトラブルにつながることもあります。トラブルを防ぎ、自分や友だちの個人情報を守り、トラブルに対処するための情報モラルを身につけましょう。

ソーシャルネットワークサービス（SNS）の動向

第3章のコミュニケーションの変化でも解説したように、インターネットの普及とともに多様なコミュニケーションサービスが登場しています。中でも**ソーシャルネットワークサービス（SNS）**は、2005年頃から利用が増え始め、メタ（旧フェイスブック社）の報告によると、Facebook、Messenger、Instagram、WhatsAppなどメタのアプリのいずれかの利用者は、9月時点で世界中で約29億3千万人に上るといいます。ツイッターの6月末時点におけるデイリー・アクティブ・ユーザー（DAU）は2億3780万人と報道されています。

日本発のSNS、LINEは、2022年3月末時点月間ユーザー数が9,300万人と発表しています。

こうしたSNSはスマートフォンに対応したアプリを提供し、いつでもどこでも友だちとつながり、何をしているのかを知ったり、「いいね！」やコ

■**図1** 友だちに見せるつもりの投稿がインターネットで世界中に拡散される可能性がある

メントしたり、自分の情報を発信できたりすることが魅力となっています。一方、友だちに自分の経験した面白いことを伝えたいと、気軽に投稿した内容がネットで思いもよらず広がってしまい、トラブルに発展するケースも出ています。自分では友だちにだけ知らせたつもりが、利用者から利用者へ次々と拡散する可能性があるからです。

SNSには、元々、情報共有がしやすいように、次のように投稿を拡散する機能を持っています。

Facebook の共有機能

- タイムラインに投稿した内容は、指定した範囲の人に公開される
- 友人が書いた投稿を「シェア」することで、自分のタイムラインに表示して自分の友人にも知らせることできる

Twitter の共有機能

- ツイート（つぶやき）はフォローした人の画面に表示される
- リツイートによって、他の人のツイートを自分のフォロワーに送信できる

● 表1　大学生の SNS 投稿に関するトラブル事例

	内容
事例1	万引きをしたことを Twitter で投稿したところ、大学に通報された
事例2	旅行先の建物にいたずら書きをした写真を Facebook に投稿。重要文化財への落書きとして、警察による犯人探しがされた
事例3	無賃乗車を Twitter で投稿。本人の経歴がインターネットで掲載された
事例4	大学生がスポーツ選手との合コンを Twitter で投稿。大学に通報され、大学から厳重注意の処分を受ける
事例5	未成年の学生が飲酒をほのめかす投稿を Twitter で投稿。大学に通報され、処分を受ける

14

こうした共有機能によって、人から人へと広がり、拡散されていきます。

特に、話題性がある投稿や関心を引きつけるような投稿は拡散されやすい傾向があります。問題のある投稿を多くの人が拡散して、批判や攻撃をあびる「**炎上**」と呼ばれるトラブルもこうした拡散によって起こっています。また、投稿した内容が大学に通報されて処分を受けたり、内定していた企業に問い合わせが寄せられ、内定が取り消しになった事例もあります。

相談窓口では、対処のアドバイスなどはありますが、トラブルを直接対処してくれるわけではありません。また、悪質な書き込みをされ、プロバイダに発信者の情報開示を請求しても、迅速な対応があるとは限りません。被害者の救済が課題になっており、現在、このような状況を改善するよう検討がなされています。

いずれにしても、被害にあったときには一人で抱え込まずに、第三者の知恵と力を借りながら、対処していくことが大切です。

● 情報の残存性に留意する

SNSやブログ、掲示板で発言した内容に問題があった場合、元の投稿を削除しても、拡散してしまった情報は取り戻すことはできません。コンピューターネットワークでの情報は「残存性」を持ちます。一度、発信されたら取り戻すことはできません。この特性をしっかり理解しておきましょう。

SNSやネットワークのコミュニティの特徴を理解して、投稿するときは次のような情報は、発信しないように注意しましょう。投稿する前に、内容に問題がないか、見直すことが大切です。

SNSで発信すべきでない情報

- 他人を誹謗中傷する内容
- 他人のプライバシーに関する内容
- 公序良俗に反する内容
- 人種、民族、言語、宗教、身体、病気、性、思想、信条などに関する差別的な内容

● 公開範囲を設定する

　Facebookでの発言は、公開範囲を指定する機能があります。「友達」の設定にしておくと、投稿した内容が表示されるのは友達に限定され、一般には公開されません。「公開」にすると、Facebookの利用者でない人も検索によって見ることができるようになります。

　プライベートな内容が「公開」のまま書き込まれている例を見かけます。投稿する前には、内容に加えて、公開範囲も見直すことを忘れないようにしましょう。

● 不正なスマホアプリに注意する

　SNSを通して紹介されたスマホアプリが、電話帳情報を抜き取るなどの不正行為を行う事例について、情報処理推進機構（IPA）のセキュリティセ

■図2　Facebookの投稿範囲設定例

投稿の設定範囲を選び、どこまでの範囲で公開するか設定する

14

ンターから注意を促すお知らせが発行されています。

SNSの趣味に関するコミュニティに、参加者が興味を引くような内容と共に、不正なアプリをダウンロードさせるリンク先が書かれた文章が投稿されていたものです。ダウンロードして使うと、知らないうちに電話帳のデータを不正に送信します。コミュニティに参加している利用者は、同じ趣味を持つ人の投稿だと警戒心を解く心理を利用したものだと解説されています。

App Store や Google Play ストアなどの正規のアプリサービス以外の場から、アプリをダウンロードしないように留意しましょう。

◯ セクストーション（性的脅迫）に気をつける

情報処理推進機構（IPA）が発行した「2014年12月の呼びかけ」には、SNSが関係して広がっている「**セクストーション**」についての危険性を啓蒙しています。セクストーションとは、「性的な」と「脅迫」を組み合わせた造語で、プライベートな写真や動画を入手して、それをばらまくなどと脅迫する

■図3　不正アプリを使ったセクストーションの手口

1. SNSを通じてコンタクトを取ってくる

2. ビデオチャットでプライベートな動画のやりとりをしたいと、ビデオチャット用のアプリをインストールするように持ちかけてくる

3. 不正アプリを通じて電話帳の情報を窃取され、プライベートな動画のやりとりを行ったときの動画データを保存される

4. 窃取した電話帳の登録者にプライベートな動画をばらまくと脅され、金銭を要求される

行為を指しています。

　米国で複数の女性の電子メールやFacebookのアカウントを乗っ取るなどで、ヌード写真を検索して不正に入手し、「Facebookに写真を投稿する」と脅迫して逮捕された事例などが紹介されています。

　SNSを通して電話帳の情報を抜き取る、不正なビデオチャットアプリをインストールさせてやり取りをした結果、脅迫される被害も報告されています。

　セクストーションの被害は、見知らぬ人とのやり取りであっても、しばしばやり取りするうちに相手を信用し、好意を抱くという心理を悪用したものです。また、かつての交際相手から、別れた後に親密なプライベートな写真をネットで公開される「リベンジポルノ」といった言葉も生まれています。

　人に見られて困るようなプライベートな写真は送信しないだけではなく、インターネットにつながったスマートフォン、パソコンには記録しないように注意する意識を持つことが必要です。

◉ SNSによる人間関係のトラブルにも注意

　友人の動向がわかるSNSは便利な反面、お互いの私生活を公開することから人間関係のトラブルにつながることもあります。たとえば、友だちが数人で楽しそうに集まっている投稿を見て、「自分には声がかけられていない」と仲間はずれになったような気になることもあるかもしれません。一緒に外出した写真を無断で投稿したことが、相手にとっては都合が悪いということもあるかもしれません。

　自分の情報を公開し、他の人の情報を知るということは、こうした良い面と悪い面の両方があることを理解して、利用することも大切です。

　LINEには「既読」と呼ぶ機能があり、相手に送ったメッセージがいつ読まれたかを確認できます。インターネットの電子メールでは、相手から返信がない限り、相手が読んだかどうかがわかりません。既読機能はこうした不便さを解消するための便利な機能ですが、「送ったメッセージを読んでいない」、「無視した」と受け取ってしまい、友人関係がこじれる例もあるようで

14

す。また、無視したと思われないように、すぐにメッセージを見なければならないとプレッシャーに感じるとの声も聞きます。

また、LINEには「グループ」と呼ぶ、登録した会員だけで投稿をやり取りできる機能があります。何十ものグループに登録し、メッセージのチェックに追われ、長時間スマートフォンを見ている若い利用者の声も聞きます。

◉ SNSでのトラブルに巻き込まれたら

人と人とがコミュニケーションをする以上、揉め事はつきものです。大学や高校など、顔を合わせる人との間でも、ネットが原因での揉め事に発展したら、人間関係に影響が出てくるかもしれません。

次のような対処を取って、一定期間、ネットから離れることも1つの方法です。

（1）SNSでの書き込みをひとまず止める
（2）通知をOFFにして、相手からのメッセージも読まない

感情にまかせたやり取りに発展することを防げます。その上で、相談に乗ってくれる知り合いに話し、対処を考えるとよいでしょう。

特に、顔も知らない、相手が誰かわからない状態で、書き込みを続けることは危険です。当人同士でやり取りしているつもりでも、やり取りを見ているギャラリーたちを巻き込んだトラブルに発展することもあります。

自分たちだけで解決できないときは、「各都道府県警察の少年相談窓口」に相談することも検討しましょう。いじめや犯罪の犯罪等の被害にあって悩んでいる、子ども自身のためにもうけられた窓口です。

図4のようなチャットボット形式で、相談すべき窓口を教えてくれるサービスもあります。ネットを通して知り合った人から、性被害にあうことも増えています。

● 誹謗中傷をネットに書かれたら

　ブログや掲示板、SNSで誹謗中傷を書かれたり、個人情報の書き込みをされたりしたときには、書かれたサイトやサービスを運営しているプロバイダに削除を求めたり、書き込みを依頼する方法があります。これは「**プロバイダ責任制限法**」という法律で、情報の流通によって権利の侵害があった場合に、次の2つについて定めていることによるものです。

（1）損害賠償責任の制限と発信者情報の開示
（2）特定個人の民事上の権利侵害があった場合を対象とする

　インターネットの違法、有害情報を書き込まれたときの相談窓口としては、総務省支援事業として「インターネット違法・有害情報　相談センター」があります。図5のように無料の相談窓口になっています。次のよう

■図4　どこに相談したらよいか迷ったときの「ぴったり相談窓口」

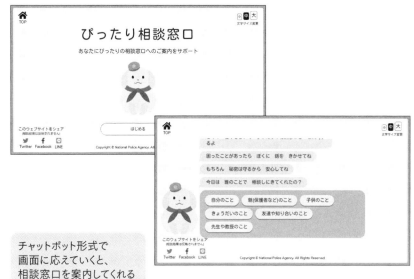

チャットボット形式で
画面に応えていくと、
相談窓口を案内してくれる

http://www.npa.go.jp/bureau/safetylife/syonen/annai/

14

207

なインターネットでのトラブルに対しての相談ができると書かれています。

- 氏名、住所などを無断で公開された
- 誹謗中傷にあたると思われる書き込みをされた
- 自分の写真が許可なく掲載されているので、削除したい
- 誹謗中傷を書き込んだ人を特定したい
- プロバイダ責任制限法に基づく発信者情報開示請求書／送信防止措置依頼書がきたが、対応方法がわからない

セキュリティ対策もしておく

スマートフォンに入っている電話帳などの個人情報を盗み出そうとする不正アプリは後を絶ちません。SNSを通じて、誘導するケースも増えています。

アプリを利用するときは、リンクから行うのではなく、アプリの提供サービスからダウンロードするようにしましょう。また、スマートフォンのセキュリティアプリやセキュリティサービスを利用するとよいでしょう。

スマートフォンは、どこかに忘れたり、盗まれたりすることもあります。拾った人が〝なりすまし〟をして、悪用されないように、パスコードと呼ばれる認証を

■図5 違法・有害情報に関する相談センター

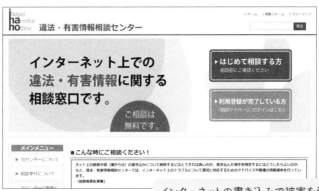

http://www.ihaho.jp/

インターネットの書き込みで被害を受けたときに相談できる窓口です。解決のための情報や窓口を紹介するなど、トラブルの対応を案内してくれます。

設定しておき、自分以外の人には画面を見られないようにしておくと安心です。

　また、人に見られたくない写真や動画をスマートフォンに入れておかないといったことにも注意しましょう。個人情報とプライバシーの章でも述べたように、自分の情報は自分でコントロールする権利があるのが、現代のプラバシー観です。コントロールできない状態にならないよう、自分の情報は自分で守り、公開する情報には責任を持つことを意識しておくことが大切です。

●「フィルタリング」を利用して危険から守る

　以前に小学生がインターネットでの書き込みが原因で、同級生を刺殺した痛ましい事件がありました。学校の裏サイトで書かれている内容がいじめにつながったといった事例もあります。また、第7章で解説したサイバー犯罪には、ネットワークを利用した児童買春の検挙も含まれています。

　犯罪、暴力、ポルノのような子どもたちに有害な情報もインターネットのWebサイトには掲載されています。出会い系サイトでなくてLINEのようなコミュニケーションサービスを悪用して、子どもたちを誘い出す人もいます。

　こうした危険から子どもたちを守るには、危険について教育するとともに、「**フィルタリング**」と呼ぶ技術を使って、アクセスできないようにしておくのも1つの方法です。

　フィルタリングとは、利用者の意思によって、インターネット上の青少年にとって有害なWeb情報へのアクセスを自動的に遮断することができる技術的手段を指します。年齢や状況にあわせて、保護や教員によって、子どもが使うパソコンやスマートフォンにフィルタリングを設定しておくことで、危険から守ることができます。

　フィルタリングソフトやサービスでは、次のような方式を使って、Webのアクセスをコントロールします。

　フィルタリングは、専用ソフトをインストールして使うほか、携帯電話会社やインターネット接続サービスで提供しているものを使う方法があります。

　子どもたちの情報モラルを高められるよう教育の中で学びの機会を作ると

14

ともに、年齢に応じたフィルタリング設定を利用していくとよいでしょう。

フィルタリング方式

- レイティング方式
  ホームページに対し一定基準でレイティング（格付け）し、情報受信者がレイティング結果を利用して、受信者の価値判断でフィルタリングを行う方式
- ブラックリスト方式
  有害なホームページのリストを作り、これらを見せないようにする方式
- ホワイトリスト方式
  子どもにとって安全で有益と思われるホームページのリストを作り、これら以外のページを見せないようにする方式
- キーワード／フレーズ／全文検索方式
  有害なキーワードやフレーズをあらかじめピックアップしておき、ホームページを表示する前にその内容とこれらのキーワードやフレーズを照合することで、有害なページを見られないようにする方式

参考文献、Webサイト

- 『都道府県警察本部のサイバー犯罪相談窓口等一覧』 警察庁
  http://www.npa.go.jp/cyber/soudan.htm
  | サイバー犯罪の被害にあったり、あいそうになったりしたときの相談の受付電話番号と、対策などの情報が掲載されています。

- 困ったときの相談窓口『SNS』厚生労働省
  https://www.mhlw.go.jp/mamorouyokokoro/soudan/sns/
  | LINEなどのSNSやチャットで悩みの相談ができる団体の情報を知ることができます。チャットや電話での相談窓口も紹介しています。

- 『プロバイダ責任制限法 関連情報Webサイト』
  http://www.isplaw.jp/
  | プロバイダ責任制限法関連の情報や、名誉棄損、プライバシー関連に関するガイドラインについてまとめられています。

- 『インターネット 違法・有害情報 相談センター』
  http://www.ihaho.jp/
  | インターネットでの違法、有害情報に対して相談を受け付け、対応に関するアドバイスや関連の情報提供などを行う相談窓口です。インターネット上の誹謗中傷、名誉毀損、プライバシー侵害、人権侵害、著作権侵害などに関する書き込みへの対応や削除要請方法、その他トラブルに関する対応方法などについて情報提供されています。

第 15 章

情報通信社会と
リテラシー

　この最後の章では、情報通信社会の現状と特質をもう一度、復習しましょう、インターネットを利用する私たちが情報を扱うときに、どのような能力（リテラシー）や知識、姿勢が必要なのかを確認します。

● どのようなIT社会を目指しているのか

　現在、情報通信社会が進展し、ITの力で世界中がつながり、さらなる発展に情報を活用していこうとしています。

　日本では、2013年（平成25年）に内閣府が「世界最先端IT国家創造宣言」を発表しました。

　この「世界最先端IT国家宣言」は、ほぼ毎年のように改訂し、2018年（平成30年）には、官民データ活用推進基本法の規定に基づき、官民データ活用の推進に関する基本的な計画として、「世界最先端IT国家創造宣言・官民データ活用推進基本計画」に変わっています。その冒頭では、ネットワークのインフラが整い、「『データ大流通時代』の到来」が来た今、新たな戦略のフェーズに入ったと述べています。

　IoT（モノのインターネット）で、日々、大量の情報が収集されています。また、スマートフォンをはじめとする無線通信では、5Gと呼ばれる超高速

■ 図1　Society5.0の概要

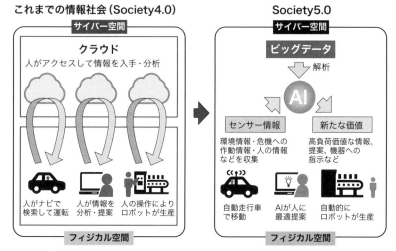

内閣府のWeb「Society5.0とは」の図解を元に作成
https://www.8.cao.go.jp/cstp/society5_0/index.html

通信が実現し、大量のデータが超高速でやり取りされる時代が来ています。このような社会では、いかにデータを利活用していくかが、今後の社会の課題解決や経済の発展に欠かせないのです。

令和元年に発表された「世界最先端IT国家創造宣言・官民データ活用推進基本計画」では、Society5.0にふさわしいデジタル化の条件として、次の5つの項目を掲げています。

（1）国民の利便性を向上させる、デジタル化
（2）効率化の追求を目指した、デジタル化
（3）データの資源化と最大活用につながる、デジタル化
（4）安心・安全の追求を前提とした、デジタル化
（5）人にやさしい、デジタル化

Society5.0 とは、工業化社会、情報化社会の次の社会の姿を現したもので、現実のフィジカル空間から収集されるビッグデータを人工知能で解析し、新たな価値を生み出していくことが期待されています。

2022年（令和4年）、内閣官房では「デジタル田園都市国家構想基本方針」を打ち出しました。これは、地方からデジタルの実装を進め、新たな変革の波を起こし、地方と都市の差を縮めていくことで、世界とつながる「デジタル田園都市国家」の実現を目指すものです。

デジタル田園都市国家構想とは、「心ゆたかな暮らし」（Well-Being）と「持続可能な環境・社会・経済」（Sustainability）を実現していくと述べられており、次の4つを重点取り組みとしています。

- デジタルの力を活用した地方の社会課題解決
- 構想を支えるハード・ソフトのデジタル基盤整備
- デジタル人材の育成・確保
- 誰一人取り残されないための取組

15

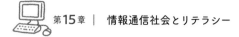

　世界中に猛威をふるい、人々の生活や仕事を変えた新型コロナウイルス感染の脅威を経て、新しい社会、新しい暮らし方を目指していくものです。

　オンライン授業によって高校や大学のキャンパスに通えなくても、インターネットを使って授業を受け、仲間とやり取りしてきた皆さんの新しい価値観や生活スタイルが、デジタル政策を支え、豊かでより良い社会を作っていくことを期待しています。

サイバー空間に現実世界が乗る現代

　情報通信技術によって生まれたインターネットの世界が、社会に大きな影響を与えています。サイバーリテラシー研究所の矢野直明所長は、現実社会から離れた場所として生まれたサイバー空間は、やがて現実社会と結びついて境がなくなり、さらには現実世界がサイバー空間の上にすっぽり乗っている状態を経て、現在は現実世界の上にサイバー空間が乗っている状態へと変容してきていると著作の中で述べています。ソーシャルメディア発達以後の現代のイメージとして、そのサイバー空間の中で人びとが自律的にインターネットを利用する姿を自身の理想を重ね合わせて見るとも書いています。

　このような世界の中では、**サイバーリテラシー**と呼ぶ、社会生活を営むための能力が必要だと矢野氏は述べています。

　矢野氏は、サイバー空間の特徴を次のように示しています。

第1原則
サイバー空間には制約がない

第2原則
サイバー空間は忘れない

第3原則
サイバー空間は「個」をあぶり出す

時間や距離の制約がなく、一度、発信された情報を取り戻すとはできない、そして膨大な空間の中から「個人」や「個」の確立が求められていくのだと述べています。

　そうしたサイバー空間で生きるための知恵や処世術として、サイバーリテラシーを定義し、情報倫理についても次のように書いています。

　「サイバーリテラシーはIT社会の世界観である。情報倫理は処世訓と言ってもいい。情報倫理は、「情報のデジタル化が引き起こす問題に有効に対応するための倫理」であり、IT社会が引き起こす従来の倫理的な「指針の空白」、および「指針の変容」を補うための具体的指針である。」（サイバーリテラシー研究所Webページ「サイバーリテラシーとは」から引用）

● 情報通信社会を生きる私たちに必要な情報リテラシー

　インターネットの空間と現実社会が結びつきながら、発展していく今後

■ 図2　情報リテラシーの3つの要素

コンピューターや
ネットワークの
仕組み、技術を
理解する

倫理、マナー、
モラルを
身につける

コンピューターや
情報機器を
操作する技術をもつ

15

の情報通信社会では、子どもの頃からの情報リテラシーを身につけることが求められます。

　現在、義務教育の段階から「**情報リテラシー**」の3つの要素を身につけるよう教育に盛り込まれています。図2で示す一番右の「コンピューターや情報機器を操作する技能」は、現在の子どもたちはいち早く身につけます。中央の「コンピューターやネットワークの仕組み、技術を理解する」ことについても教材などを用意すれば、基礎からより実用的な知識までを身につけることができるでしょう。

　一番左にある「倫理、マナー、モラルを身につける」部分は、この情報倫理にあたるものです。確立していない上に、教える側にも情報リテラシーがしっかりと身についている必要があります。しかし、2013年頃から携帯電話に変わり、小学生でもスマートフォンを持つようになっている現在、子どもたちをサイバー犯罪から守り、自律的に情報と関わるために、地域や保護者と連携した情報倫理の教育を強化していくことが重要でしょう。

● メディア・リテラシー教育も並行する

　情報リテラシーに加えて、第3章で言及した「**メディア・リテラシー**」の教育も大切になります。日々、発信される膨大な情報から、自分にとって必要な情報を選別して分析し、活用する能力です。また、デマや誹謗中傷などの情報を発信しない倫理的な判断も含めて、多くの人に役立つ情報を発信できる能力についても、これからはますます求められるようになることでしょう。インターネットでつながった世界は、グローバル社会と呼ぶ国と国が連携してさまざまな仕事をし、ともに問題を解決していく世の中になっていきます。情報を活用し、自分のアイデアや考えを世界に発信し、貢献できる人材を育てていくことが求められています。

- 情報の正誤を正しく判断する能力
- 多くの情報の中から、必要かつ正確な情報を収集、獲得する能力
- 多くの人に正確かつ、有効な情報を発信、伝達する能力

◯ 膨大な情報から自分にとって必要な情報と出会うために

「**フィルターバブル**」という言葉があります。Googleなどのインターネットの検索サイトを使って検索すると、それらが提供するアルゴリズムが各ユーザーが見たいものだけを提示します。それによって、見たくないような情報は遮断し、「泡」(バブル)に包まれたように自分が見たい情報しか見えなくなる、まるで泡のフィルターがかかった状態だと表現している言葉です。

米国の市民政治団体で活動している、イーライ・パリサーが2011年に出

■ 図3　計画から改善までのサイクル

情報倫理に関わるルールや情報セキュリティポリシーを継続的に見直す

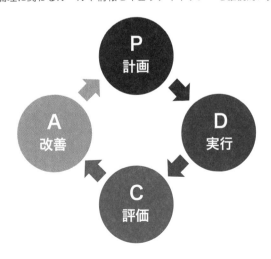

15

217

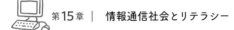

版した著作の中で使った造語です。その著作の中で、フィルターバブルによって、自分の考えと異なる考えに触れる機会がなくなり、知的な孤立状態に陥ると指摘しています。

　自分が興味のある情報を、いつでも、どこでもスマートフォンのようなモバイル機器で手にできるのは便利な反面、限られた情報の中だけで生活しているうちに、多様なものの見方や考え方から引き離されてしまうかもしれません。

　ネットを使って買い物をしたり、各種のサービスを利用したりする人が増えた結果、ユーザーを欺くようなサイトやメッセージを発信し、不当に利益を得ようとする動きもあります。こうした行為「**ダークパターン**」にも留意する必要があります。定期購入を煽り、一度登録すると、解約の方法が見つけられないといった仕組みもそのひとつです。

　このような危惧があることを知って、多様な方法で、多様な情報と出会い、自分にとって必要な情報を使って、自ら考えている力を鍛えていくことが求められています。

● 情報倫理の教育のこれから

　変化し続けている情報通信技術と、変革する社会に合わせて、年齢、年代に応じた情報倫理教育が求められます。デジタルデバイドを解消するためには、社会人や高齢者への教育やサポートも必要です。

　いつでも、どこでも自由に情報にアクセスして学び、活用できるような教材やコンテンツの開発が望まれます。

　そしてそれらの基本となる情報倫理に関わるルールや情報セキュリティポリシーを継続的に見なおし、運用することが大切でしょう。一般的に品質評価のための取り組みで使われている、P（計画）、D（実行）、C（評価）、A（改善）のサイクルを回しながら、日々、変化していく情報通信社会に適した、私たちの情報倫理を作り、見直し、改善、実行していきましょう。

参考文献、Webサイト

- 『デジタル田園都市国家構想実現会議』内閣官房
  https://www.cas.go.jp/jp/seisaku/digital_denen/
  2022年（令和4年）6月に閣議決定された「デジタル田園都市国家構想基本方針」や関連する資料が掲載されています。

- 『デジタル田園都市国家構想』
  https://www.cas.go.jp/jp/seisaku/digitaldenen/
  デジタル田園都市がどのような社会になるのか、イメージ動画や先進的な取り組み事例を紹介しています。

- 『サイバーリテラシー教本』
  http://www.cyber-literacy.com/fundamentals
  サイバーリテラシーの3原則や5分間でわかる動画など、サイバーリテラシーについての基本的な考え方や情報がまとめられています。

- 『フィルターバブル ―― インターネットが隠していること』 イーライ・パリサー（著）、井口耕二（翻訳）、早川書房、2016年
  検索会社のアルゴリズムによるフィルタリングが、偏った情報を人々にもたらすと警鐘を鳴らし、ベストセラーとなった『Filter Bibble』の邦訳です。

- 『ザ・ダークパターン ユーザーの心や行動をあざむくデザイン』 仲野佑希（著）、翔泳社、2023年
  ダークパターンのしくみや種類、ダークパターンを防ぐために何をすべきかが豊富な事例とともに解説されています。

索 引

さ行

や行

ら行

著者プロフィール

髙橋 慈子（たかはし しげこ）：第2、3、5〜8、10、13〜15章
テクニカルコミュニケーションの専門会社 株式会社ハーティネス代表取締役
慶應義塾大学、大妻女子大学 非常勤講師
一般社団法人人間中心社会共創機構　理事

原田 隆史（はらだ たかし）：第1章（共著）、第9章、第12章
同志社大学 免許資格課程センター 教授
同志社大学大学院総合政策科学研究科 教授
国立国会図書館 電子情報部 非常勤調査員。Project Next-L 代表
専門：図書館情報学、図書館システム

佐藤 翔（さとう しょう）：第4章
同志社大学 免許資格課程センター 准教授
専門：図書館情報学

岡部 晋典（おかべ ゆきのり）：第1章（共著）、第11章
図書館総合研究所　主任研究員
専門：図書館情報学

執筆協力　白澤洋一

■ 装丁、本文デザイン　　　BUCH⁺
■ 本文DTP　　　　　　　　五野上 恵美
■ カバー、本文イラスト　　平澤 南
■ 担当　　　　　　　　　　平野 怜

【改訂3版】情報倫理
ネット時代のソーシャル・リテラシー

2015年　1月25日　初　版　第1刷発行
2023年　3月29日　第3版　第1刷発行
2024年　2月15日　第3版　第2刷発行

著者　　　　髙橋慈子・原田隆史・佐藤翔・岡部晋典
発行者　　　片岡巌
発行所　　　株式会社技術評論社
　　　　　　東京都新宿区市谷左内町 21-13
　　　　　　電話　03-3513-6150　販売促進部
　　　　　　　　　03-3513-6166　書籍編集部
印刷／製本　昭和情報プロセス株式会社

定価はカバーに表示してあります。

ISBN978-4-297-13415-0 C3055
Printed in Japan

本書に関するお問い合わせは、以下の宛先までファックスや封書などの書面、または電子メールにてお願いいたします。電話によるご質問には一切お答えできませんので、あらかじめご承知置きください。

＜ファックスの場合＞
FAX　03-3513-6183

＜封書の場合＞
〒162-0846
東京都新宿区市谷左内町21-13
株式会社 技術評論社　書籍編集部
『【改訂3版】情報倫理　ネット時代のソーシャル・リテラシー』質問係

＜電子メールの場合＞
https://gihyo.jp/book/2023/978-4-297-13415-0